LÜSE RIYONG HUAXUEPIN

绿色日用化学品

主　编◎刘道富

副主编◎文桂林　孙志梅　卜露露

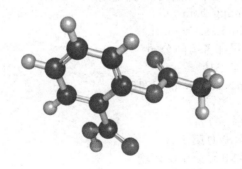

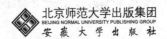

北京师范大学出版集团
BEIJING NORMAL UNIVERSITY PUBLISHING GROUP
安徽大学出版社

图书在版编目(CIP)数据

绿色日用化学品/刘道富主编. —合肥:安徽大学出版社,2022.10
ISBN 978-7-5664-2447-1

Ⅰ. ①绿… Ⅱ. ①刘… Ⅲ. ①日用化学品—无污染工艺 Ⅳ. ①TQ072

中国版本图书馆 CIP 数据核字(2022)第 122090 号

绿色日用化学品

刘道富 主编

出版发行: 北京师范大学出版集团
安 徽 大 学 出 版 社
(安徽省合肥市肥西路 3 号 邮编 230039)
www.bnupg.com
www.ahupress.com.cn

印　　刷: 安徽利民印务有限公司
经　　销: 全国新华书店
开　　本: 787 mm×1092 mm　1/16
印　　张: 10.25
字　　数: 193 千字
版　　次: 2022 年 10 月第 1 版
印　　次: 2022 年 10 月第 1 次印刷
定　　价: 33.00 元
ISBN 978-7-5664-2447-1

策划编辑: 陈玉婷　杨　洁　　　　　**装帧设计:** 李　军
责任编辑: 陈玉婷　　　　　　　　　**美术编辑:** 李　军
责任校对: 武溪溪　　　　　　　　　**责任印制:** 赵明炎　孟献辉

前　言

随着生产力的发展和科学技术的进步,化学与日常生活越来越密切。化学在人类的生产和生活中发挥不可估量的作用的同时,也造成了环境和能源问题。绿色化学的出现,为人类最终从化学的角度解决环境和能源问题带来了新希望。

绿色日用化学品是以绿色化学理念为指导生产的化学品,是实现可持续发展的重要组成部分。本书为淮南师范学院"绿色日用化学品"精品课程建设成果,主要通过介绍与人们日常生活密切相关的化学化工产品,包括食品添加剂、饮料、药物、皮肤用化妆品、洗涤类化学品、发用化妆品、口腔清洁用品、服装面料、塑料与橡胶制品、室内装修材料等,传播绿色、低碳、环保、健康的理念。

本书以通俗易懂的语言介绍各类化学品的发展历史和科学使用方法,兼顾趣味性和实用性,充分展示化学的魅力,引导读者以化学的视角认识科学、技术、社会和生活,增强读者对自然和社会的责任感。读者可通过阅读本书,观察生活中的化学品,认识和理解化学在生活中的广泛应用及其对社会发展的影响,运用化学知识和方法分析、讨论并解决与生产生活相关的问题。本书可作为高等院校化学类、化工与制药类、材料类、环境科学与工程类、食品科学与工程类专业及其他相关专业的选修课教材,也可作为其他专业的公共选修课参考书,还可作为普及化学常识的科普读物。

本书由刘道富担任主编,由文桂林、孙志梅和卜露露担任副主编。书中第1、2、3、4、5、6章由刘道富教授编写,第7、8章由孙志梅副教授编写,第9、10章由卜露露博士编写,第11、12章由文桂林副教授编写。刘道富负责全书的整理、修改和定稿工作。

本书编写过程中参考了部分图书和网络资料,在此谨向各位作者表示衷心的感谢!

由于编者水平有限,书中难免有疏漏和不足之处,敬请读者批评指正。

刘道富

2022 年 4 月

目　录

第1章　绪　论 ……………………………………………………… 1

　1.1　化学对人类社会的贡献 ………………………………………… 1

　1.2　化学对人类社会的负面影响 …………………………………… 4

　1.3　日用化学品 ……………………………………………………… 10

第2章　绿色化学 …………………………………………………… 12

　2.1　绿色化学的定义与核心内容 …………………………………… 12

　2.2　绿色化学的双十二条原则 ……………………………………… 13

　2.3　绿色化学的研究内容与实现途径 ……………………………… 15

　2.4　生活中的绿色化学 ……………………………………………… 17

第3章　食品与化学 ………………………………………………… 19

　3.1　人体中的化学元素 ……………………………………………… 19

　3.2　营养素 …………………………………………………………… 21

　3.3　营养与能量平衡 ………………………………………………… 27

　3.4　食品添加剂 ……………………………………………………… 30

第4章　饮料与化学 ………………………………………………… 36

　4.1　酒精饮料 ………………………………………………………… 36

　4.2　非酒精饮料 ……………………………………………………… 42

第5章　药物与化学 ………………………………………………… 48

　5.1　药物的发展历程 ………………………………………………… 48

　5.2　药物的分类和名称 ……………………………………………… 50

　5.3　感冒常用药物 …………………………………………………… 52

　5.4　抗菌药 …………………………………………………………… 56

第6章　皮肤用化妆品 ……………………………………………… 64

　6.1　化妆的起源和发展 ……………………………………………… 64

6.2 化妆品概述 …………………………………………… 66

6.3 基础化妆品 …………………………………………… 68

6.4 防晒化妆品 …………………………………………… 71

6.5 美容类化妆品 ………………………………………… 74

6.6 香水类化妆品 ………………………………………… 76

6.7 科学选用化妆品 ……………………………………… 77

第7章 洗涤类化学品 ………………………………………… 80

7.1 洗涤基础知识 ………………………………………… 80

7.2 表面活性剂 …………………………………………… 81

7.3 肥皂 …………………………………………………… 84

7.4 合成洗涤剂 …………………………………………… 86

第8章 发用化妆品 …………………………………………… 94

8.1 毛发的组成与基本构造 ……………………………… 94

8.2 洗发水 ………………………………………………… 95

8.3 护发素 ………………………………………………… 97

8.4 烫发剂 ………………………………………………… 99

8.5 染发剂 ………………………………………………… 101

第9章 口腔清洁用品 ………………………………………… 104

9.1 口腔与牙齿 …………………………………………… 104

9.2 牙膏 …………………………………………………… 106

9.3 其他口腔清洁用品 …………………………………… 107

第10章 服装与化学 ………………………………………… 113

10.1 服装的发展历程 ……………………………………… 113

10.2 天然纤维 ……………………………………………… 114

10.3 化学纤维 ……………………………………………… 118

10.4 纺织物的鉴别与保养 ………………………………… 124

第11章 塑料与橡胶制品 …………………………………… 127

11.1 塑料工业的发展历程 ………………………………… 127

11.2 塑料的分类 …………………………………………… 128

11.3 聚烯烃类塑料 ·· 129

11.4 其他常见塑料 ·· 133

11.5 橡胶及其制品 ·· 140

第 12 章 室内装修与健康 ·· 145

12.1 室内装修材料 ·· 145

12.2 室内装修污染及处理 ·· 148

参考文献 ··· 155

第 1 章 绪 论

化学是自然科学的重要组成部分,主要在原子、分子层面上研究物质的组成、结构、性质与变化规律,是创造新物质的科学。

化学是一门既古老又年轻的科学。食品加工、冶金、炼丹等化学实践活动虽然没有形成系统的化学理论,但为后来化学科学的诞生奠定了坚实的实践基础。如酒、豆腐和黑火药等,无一不是利用化学知识获得的。

上百年前,人们已开始利用硫黄与天然橡胶制备弹性体。此后,人们开始利用化学知识进行高分子反应。例如:通过纤维素改性获得赛璐珞①、再生纤维素等高分子材料,用于制造织物和胶黏剂等。化学材料的出现与大规模应用,是化学化工和材料科学在 20 世纪为人类做出的最为重要的贡献。

1.1 化学对人类社会的贡献

化学是为多数人的幸福服务的一门科学。世界上近 20% 的发明专利属于化学领域。可以毫不夸张地说,化学决定着现有一切物质生产领域和整个国民经济、科学技术发展的速度,人类生活和活动的所有领域都离不开化学。

1.1.1 能源化学与人类生活

从最早的钻木取火,到现在的无铅汽油、甲醇、电能、核能的使用,这一切都离不开化学工业的发展。

目前,人类对能源的需求越来越突出,煤炭、石油等传统化石能源已不能满足人们的需求,如何开发和利用新能源(如太阳能、核能、地热能等)已成为世界各国共同关注的问题。核能可由原子核衰变、裂变和聚变产生,核能发电利用的是核裂变产生的能量。核能的利用在一定程度上缓解了人类的能源危机,这也让人们意识到了能源化学的重要性。

1.1.2 合成化学与社会发展

从科学发展的角度看,合成化学是化学学科的核心,是化学家改造世界、创造

---

①赛璐珞:"celluloid"的音译,商业上最早生产的合成塑料,最初用于替代象牙制造台球。赛璐珞促成了胶卷的发明,胶卷则催生了电影科技。

社会财富的最有力手段。可以说,世界上所有科学技术的发展都离不开合成化学,合成化学提供并保证了它们的物质基础。近年来,化学家不仅发现和合成了众多天然存在的化合物,还创造了大量非天然的化合物。

材料是人类社会进步的里程碑。材料科学的进步首先必然是新材料的合成与制备。例如:钇钡铜氧陶瓷的制备引起了高温超导的革命和飞跃;神奇的导电聚合物具有质量轻、柔韧性好、价格低和导电能力强等特点,其工业化推动了柔性屏幕和薄膜太阳能电池等产品的研发。

科学技术的迅猛发展要求合成化学家能够提供更多具备新型结构和新型功能的化合物,并在此基础上设计和组装具有各种功能的分子聚集体,如分子开关和分子芯片等,同时也迫切要求化学家能更专一、更高效、更经济地合成出多种多样的化学品。

1.1.3　药物化学与人类健康

药物化学是对药物结构和活性进行研究的一门学科。早期的药物化学以化学学科为主导,其研究内容包括天然药物与化学药物的性质、制备方法和质量检测等。现代药物化学是化学和生物学相互渗透的综合性学科,其主要任务是创制新药,以及发现具有进一步研究开发前景的先导化合物。随着化学和生物学的不断发展,药物化学也有了质的飞跃,为人类的健康做出了重要的贡献。

《世界疟疾报告2021》显示,疟疾死亡人数从2000年的98.5万下降到2020年的62.7万。世界各地区疟疾死亡人数均已降低,其中降幅最大的是欧洲,其次是美洲。我国科学家屠呦呦发现的青蒿素可以有效降低疟疾患者的死亡率。青蒿素的发现与应用挽救了全球特别是发展中国家数百万人的生命。屠呦呦于2011年9月获得拉斯克奖和葛兰素史克中国研发中心"生命科学杰出成就奖",于2015年10月获得诺贝尔生理学或医学奖。

1.1.4　化学与农业发展

化学工业对农业发展的促进作用体现在以下两个方面:

第一,化学工业提供了大量化肥、农药和塑料薄膜、排灌胶管等产品,在农业增产中发挥了重要作用。截至2020年底,我国化肥、农药减量增效已顺利实现预期目标,化肥、农药使用量显著减少,化肥、农药利用率明显提升,促进种植业高质量发展效果明显。经科学测算,2020年我国水稻、小麦、玉米三大粮食作物化肥利用率为40.2%,比2015年提高5个百分点;农药利用率为40.6%,比2015年提高4个百分点。施用适量化肥,调节适宜的氮磷钾比例,可取得理想的增产效果。

在施用磷肥的基础上,亩①施氮肥(以纯氮计)4～12 kg,每千克氮素可使稻谷增产
8.2 kg,小麦增产 10.4 kg,玉米增产 11.6 kg,谷子增产 4.2 kg,青稞增产 18.1 kg,
皮棉增产0.8 kg,大豆增产 4.5 kg,油菜籽增产 4.3 kg。

美国遗传学家和植物病理学家诺曼·布劳格在全面分析了 20 世纪农业生产
发展的各相关因素之后得出结论:20 世纪全世界所增加的作物产量中的一半来
自化肥的施用。美国科学家郝夫特认为,如果立即停止使用氮肥,全世界农作物
将会减产 40%～50%。英国人柯平博士曾于 2002 年指出,如果停止使用农药,水
果将减产 78%,蔬菜将减产 54%,谷物将减产 32%。

第二,化学工业的发展节省了大面积耕地。例如:1 万吨合成纤维相当于 30
万亩棉田所产的棉花,而且合成纤维较棉纤维耐用得多;1 万吨人造纤维相当于
250 万只羊一年所产的羊毛,而放牧这些羊群需要牧草地 1 亿多亩;1 万吨合成橡
胶相当于 25 万亩橡胶园所产的天然橡胶。

1.1.5 化学与人类服装面料

从衣服鞋帽到饮食器具,从塑料制品、罐头食品、化妆品到家具、洗涤剂,人类
生活中的许多日用品都与化学有关。

以服装为例,纤维是其最重要的原材料。纤维分为天然纤维和化学纤维。天
然纤维是指自然界存在和生长的、具有纺织价值的纤维,如棉、麻、丝、毛以及竹纤
维等。化学纤维是指以天然的或人工合成的高分子物质为原料,经过化学或物理
方法加工制得的纤维。

近年来,由于化学纤维(特别是合成纤维织物)在耐腐蚀、耐高温、抗紫外线、
强度、抗皱、渗透性、热湿舒适性、手感、光泽和外观等方面表现良好,合成纤维产
品的地位逐渐提升。部分化纤仿棉、纺丝、仿毛织物在外观及服用性能②方面与天
然纤维织物不相上下(某些服用性能甚至优于天然纤维织物),深受消费者的
喜爱。

自人类于 20 世纪 50 年代发明化学纤维并应用于纺织工业以来,化学纤维产
量迅速增长。我国化学纤维产量占纺织纤维总量的比重已自 1980 年的 13.0%提
高至 2006 年的 72.8%。化学纤维已成为我国主要的纺织原料。据国际棉花咨询
委员会报告,自 20 世纪 50 年代初至 2007 年,世界范围内纺织纤维中棉纤维占比
已从 72.7%下降到 40.0%。

除纺织原料外,服饰制作也离不开染料。过去,人们使用的天然染料颜色单

---

①亩:我国市制土地面积单位。1 亩约为 666.67 m²。
②服用性能:织物的服用性能包括基本性能和舒适性能。其中:基本性能主要有织物的断裂强度和耐磨性能
等;舒适性能包括织物的热传递和热绝缘性能、透水汽性、织物风格、刚柔性、悬垂性、起毛起球性能和阻燃性等。

一,资源有限,产量低,成本高,且易褪色。1856 年,珀金首次合成染料苯胺紫。自此,合成染料很快取代了天然染料,成为染料世界的主角,因为与天然染料相比,合成染料具有色谱齐全、耐洗、耐晒、廉价、能大量生产等优点。

知识链接 | **20 世纪重大化学发现或改进**

表 1-1 　20 世纪重大化学发现或改进

时间	化学发现或改进	对人类生活的影响
1928	青霉素	人类逐渐摆脱被细菌感染支配的恐惧,平均寿命得以显著延长;出现寻找抗生素新药的高潮,人类进入合成新药的新时代
1909	合成氨	使人类摆脱依靠天然氮肥的被动局面,加速世界农业的发展
1939①	杀虫剂 DDT	DDT 曾在疟疾、痢疾等疾病的治疗方面大显身手,拯救无数人的生命,而且在促进农业丰收方面立下奇功
1921	乙烯生产工业化	乙烯工业是石油化工产业的核心
1926	聚氯乙烯的塑化	聚氯乙烯塑料曾是世界上产量最大的通用塑料
1938	尼龙	尼龙是世界上第一种合成纤维,其出现使纺织物的面貌焕然一新。尼龙的合成奠定了合成纤维工业的基础

由此可见,化学对人类社会的重要性毋庸置疑。化学已渗入人类社会的各个领域,存在于人类社会的各个角落。药物的合成使人类的生命健康有了保障,提高了人类的平均寿命;肥料和农药的生产大大提高了粮食产量,为解决人类的温饱问题做出了重要贡献;高分子材料的合成与应用为我们的衣食住行提供了丰富的物质基础。化学无时无刻不在运用着它那强大的创造力丰富着我们的物质基础。化学的发展极大地推动了人类社会的进步,但同时也带来了一些负面影响。

1.2 化学对人类社会的负面影响

1.2.1 能源消耗

《中华人民共和国 2020 年国民经济和社会发展统计公报》显示,2020 年全国能源消费总量为 49.8 亿吨标准煤,比上年增长 2.2%。煤炭消费量增长 0.6%,原油消费量增长 3.3%,天然气消费量增长 7.2%,电力消费量增长 3.1%。煤炭消费量占能源消费总量的 56.8%,比上年下降 0.9 个百分点;天然气、水电、核电、风电等清洁能源消费量占能源消费总量的 24.3%(图 1-1),上升 1.0 个百分点。重点耗能工业企业单位电石综合能耗下降 2.1%,单位合成氨综合能耗上升

---

①1939:DDT 于 1874 年被首次合成。1939 年,瑞士化学家米勒发现 DDT 的杀虫功效。

0.3%,吨钢综合能耗下降0.3%,单位电解铝综合能耗下降1.0%,每千瓦时火力发电标准煤耗下降0.6%。全国万元国内生产总值二氧化碳排放下降1.0%。

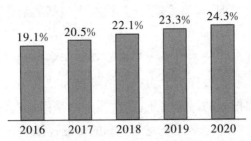

图 1-1 2016—2020 年清洁能源消费量占能源消费总量的比例

尽管清洁型能源比例不断提高,但随着国民经济的发展,总能耗还在不断提高。《2021中国生态环境状况公报》显示,我国原煤、原油、天然气能源产量与2020年相比有不同程度的增长,见表1-2。

表 1-2 2021年主要能源产品产量及增长速度

产品名称	单位	产量	同比增长/%
一次能源生产总量	亿吨标准煤	43.3	6.2
原煤	亿吨	41.3	5.7
原油	万吨	19888.1	2.1
天然气	亿立方米	2075.8	7.8
发电量	亿千瓦时	85342.5	9.7
其中:火电	亿千瓦时	58058.7	8.9
水电	亿千瓦时	13390.0	−1.2
核电	亿千瓦时	4075.2	11.3

1.2.2 环境问题

环境问题是指人类为其自身生存和发展,在利用和改造自然界的过程中,对自然环境造成的破坏和污染,以及由此产生的危害人类生存和社会发展的各种不利效应。环境问题中最突出的是大气污染、水体污染、固体废物污染、水土流失和土地荒漠化。

1.2.2.1 大气污染

大气污染是指大气中污染物质的浓度达到有害程度,以致破坏生态系统和人类正常生存和发展的条件,对人和物造成危害的现象。雾霾和酸雨等都属于典型的大气污染现象。大气污染的成因有自然因素(如火山爆发、森林火灾、岩石风化等)和人为因素(如工业废气、燃料、汽车尾气和核爆炸等),尤以后者为甚。

(1)大气污染物及其分类

大气污染物是指因人类活动或自然过程排入大气的,对环境或人产生有害影响的物质,既包括粉尘、烟、雾等颗粒状污染物,也包括二氧化硫、一氧化碳等气态污染物。

大气污染物按其存在状态可分为气溶胶状态污染物和气体状态污染物。

大气污染物按其形成过程可分为一次污染物和二次污染物。其中:一次污染物是指直接从污染源排放的污染物质;二次污染物是指一次污染物经过化学反应或光化学反应形成的物理化学性质完全不同的新的污染物,其毒性一般比一次污染物强。

(2)典型的大气污染现象

①雾霾。雾霾是指雾和霾的混合物。但是,雾和霾的区别很大。雾是由大量悬浮在近地面空气中的微小水滴或冰晶形成的气溶胶系统。霾是由空气中的灰尘、硫酸、硝酸、有机碳氢化合物等气溶胶粒子形成的大气混浊现象,可使水平能见度小于 10 km。通常情况下,雾和霾同时出现时,能见度大幅降低(图 1-2)。

图 1-2　雾　霾

生态环境部发布的《2021 中国生态环境状况公报》显示,2021 年,我国 339 个城市中 218 个城市空气质量达标(占 64.3%),121 个城市空气质量超标(占 35.7%)。339 个城市空气质量平均优良天数比例为 87.5%,平均超标天数比例为 12.5%。以 $PM_{2.5}$、O_3、PM_{10}、NO_2 和 CO 为首要污染物的超标天数分别占总超标天数的 39.7%、34.7%、25.2%、0.6%和不足 0.1%。2021 年 339 个城市六项污染物各级别城市比例见表 1-3。

表 1-3　2021 年 339 个城市六项污染物各级别城市比例

指标	一级/%	二级/%	超二级/%
$PM_{2.5}$	6.2	64.0	29.8
PM_{10}	23.9	58.1	18.0
O_3	2.7	82.6	14.7
SO_2	98.2	1.8	0
NO_2	99.7（一级、二级标准相同）		0.3
CO	100.0（一级、二级标准相同）		0

②酸雨。酸雨是指 pH 小于 5.6 的雨、雪或其他形式的自然降水。雨、雪等在形成和降落过程中吸收并溶解空气中的二氧化硫、氮氧化合物等物质，形成 pH 小于 5.6 的酸性降水。酸雨主要是人为向大气中排放大量酸性物质造成的。

2020 年，我国酸雨区的面积约 46.6 万平方千米，占国土面积的 4.8%，主要分布于长江以南—云贵高原以东地区，总体仍为硫酸型。

我国三大酸雨区分别为：a. 华中酸雨区，全国酸雨污染范围最大、中心强度最高的酸雨污染区。b. 西南酸雨区，仅次于华中酸雨区的降水污染严重区域。c. 华东沿海酸雨区，污染强度低于华中、西南酸雨区。

全球三大酸雨区分别为西欧、北美和东亚。

1.2.2.2　水体污染

水体污染是指工业废水、生活污水和其他废弃物进入江河湖海等水体，超出水体自净能力，导致水体的物理、化学、生物等方面特征改变，从而影响水的利用价值，危害人体健康，破坏生态环境，造成水质恶化的现象。

水体污染的表现主要有三方面：a. 水体变色、变脏、变臭（图 1-3）。b. 水生动物受到伤害（图 1-4）。c. 水体富营养化，即在人类活动的影响下，生物所需的氮、磷等营养物质大量进入湖泊、河口、海湾等缓流水体，引起藻类及其他浮游生物迅速繁殖（图 1-5）、水体溶解氧量下降、水质恶化、鱼类及其他生物大量死亡的现象。

图 1-3　水体变色、变脏、变臭

图 1-4　水生动物受到伤害

图 1-5　水体富营养化

　　《2021 中国生态环境状况公报》显示,中国七大流域(长江、黄河、珠江、松花江、淮河、海河、辽河)中水质为Ⅳ类及以上者占比为 12.9%(图 1-6),其中海河流域和松花江流域轻度污染。

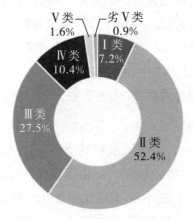

图 1-6　2021 年全国流域总体水质状况

知识链接 | 水质分类

　　按照《地表水环境质量标准》(GB 3838—2002),依据地表水水域环境功能和保护目标,我国水质按功能高低依次分为五类:

　　Ⅰ类主要适用于源头水、国家自然保护区。

　　Ⅱ类主要适用于集中式生活饮用水地表水源地一级保护区、珍稀水生生物栖息地、鱼虾类产卵场、仔稚幼鱼的索饵场等。

　　Ⅲ类主要适用于集中式生活饮用水地表水源地二级保护区、鱼虾类越冬场、洄游通道、水产养殖区等渔业水域及游泳区。

　　Ⅳ类主要适用于一般工业用水区及人体非直接接触的娱乐用水区。

　　Ⅴ类主要适用于农业用水区及一般景观要求水域。

1.2.2.3　固体废物污染

固体废物（图 1-7）是指在生产建设、日常生活和其他活动中产生的污染环境的固态、半固态废物。固体废物可分为工业固体废物、生活垃圾和危险废物三大类。

2015—2018 年，我国主要固体废物中，一般工业固体废物产生量最大。2018年，我国大中城市一般固体废物产生量为 15.5 亿吨，同比增长 18.32%。

固体废物产生源分散，产量大，组成复杂，形态与性质各异，可能具有毒性、易燃性、易爆性、放射性、腐蚀性、反应性、传染性。另外，固体废物中有些物质难以降解或难以处理，有些物质的排放具有不确定性与隐蔽性。因此，固体废物的产生、排放和处理会对生态环境及人类身心健康造成危害，甚至可能影响社会经济的持续发展。

图 1-7　固体废物

1.2.2.4　水土流失和土地荒漠化

(1)水土流失

水土流失是指受自然或人为因素的影响，雨水不能就地消纳、顺势下流、冲刷土壤，造成水分和土壤同时流失的现象。水土流失的主要原因有地面坡度大、土地利用不当、地面植被遭破坏、耕作技术不合理、土质松散、滥伐森林和过度放牧等。

2021 年全国水土流失面积 267.42 万平方千米，较 2020 年减少 1.85 万平方千米。其中，水力侵蚀面积为 110.58 万平方千米，较 2020 年减少 1.42 万平方千米；风力侵蚀面积为 156.84 万平方千米，较 2020 年减少 0.43 万平方千米。

水土流失的危害主要表现在以下三方面：①侵蚀、破坏土壤耕作层，使土地肥力日趋衰竭；②淤塞河流、渠道、水库，降低水利工程效益，甚至导致旱涝灾害发生，严重影响工农业生产；③水土流失对下游河道构成严重威胁。

(2)土地荒漠化

土地荒漠化（图 1-8）是指由干旱少雨、植被破坏、过度放牧、大风吹蚀、流水侵蚀、土壤盐渍化等造成的大片土壤生产力下降或丧失的自然（非自然）现象，也称"沙漠化"。

图 1-8 荒漠化和沙化土地

全国第五次全国荒漠化和沙化监测结果显示，我国荒漠化土地总面积为261.16万平方千米，沙化土地总面积为172.12万平方千米。在中国的沙化土地中，可治理的沙化土地仅有50多万平方千米，其余沙化土地目前暂不具备治理条件，亟待采取严格的封禁保护措施，遏制荒漠化扩展，修复生态环境。

除上面介绍的四类环境问题外，臭氧层破坏、全球气候变暖、生物多样性减少等环境危机也严重威胁全人类的生存和发展。

1.3 日用化学品

随着科学技术的进步，化学及其应用正悄无声息地改变着人类的生活。本书主要介绍与人们日常生活密切相关的日用化学品。

日用化学品是指人们日常生活中经常使用的各类化学化工产品，包括食品添加剂、饮料、药物、化妆品、洗涤类化学品、口腔清洁用品、服装面料、塑料与橡胶和室内装修材料等，具有种类繁多、需求量大、使用人群广泛和接触时间长等特点。

由于日用化学品种类繁多，因此其生产涉及学科众多，包括物理化学、表面化学、胶体化学、有机化学、染料化学、香料化学、化学工程、生物化学、药物化学、微生物学、生理学、营养学、医学和美学等。

（1）日用化学品的生产特点

①原材料和辅料要求严格。

②生产设备要求经济、高效、安全、合理。

③生产工艺过程和参数控制要求严格。

④厂房、生产车间及公用工程配置合理。

(2)日用化学品的发展趋势

①原辅材料更趋天然和环保。更多选用天然、生理相容性好、易降解、无毒无刺激的原辅材料。

②配方更科学,生产自动化程度更高。更讲究产品中各成分的协同作用,注重引入微胶囊、缓释、靶向等技术,以充分发挥各组分的性能。

第2章 绿色化学

化学的发展对人类生产生活的贡献是巨大的。特别是近代以后,随着化学工业的发展,我们的生活水平、健康水平、生活质量得到了明显的改善与提高。但是,化学工业不断发展的同时也带来了能源消耗和一系列环境问题。对此,一些科学家提出了"绿色化学"的概念。

1984 年,美国国家环境保护局(简称美国环保局)提出"废物最小化"。其基本思想是,通过减少产生的废物和回收利用废物,达到废物最少。"废物最小化"初步体现了绿色化学的思想。

1989 年,美国环保局提出"污染预防",即最大限度减少生产场地产生的废物(包括减少使用有害物质和更有效地利用资源),以保护自然资源。"污染预防"的提出,标志着绿色化学思想初步形成。

1990 年,美国颁布污染防治法案,将污染的防治确立为国策。该法案第一次提出"绿色化学",并将其定义为采用最少资源、消耗最少能源、产生最少排放的工艺过程。

1991 年,"绿色化学"成为美国环保局的中心口号,确立了重要地位。

1992 年,耶鲁大学保罗·阿纳斯塔斯教授将"绿色化学"定义为减少或消除危险物质的使用和产生的化学品以及过程的设计。从这个定义来看,绿色化学的基础是化学,而其应用和实施属于化工领域。

"绿色化学"刚被提出时,更多代表的是一种理念和愿望。但是,随着科学的发展,绿色化学逐步趋于实际应用。

2.1 绿色化学的定义与核心内容

2.1.1 绿色化学的定义

绿色化学是指减少或消除危险物质的使用和产生的化学品以及过程的设计,又称环境无害化学、环境友好化学、清洁化学。绿色化学倡导用化学的技术和方法减少或停止那些对人类健康和生态环境有害的原料、催化剂、溶剂等试剂的使用与产物、副产物的产生。绿色化学的最大特点是在始端采用预防污染的科学手段,以实现过程和终端的零排放或零污染。

绿色化学是更高层次的化学。绿色化学的理想是不再使用有毒、有害的物质,不再产生废物,不再处理废物。

从科学的观点来看,绿色化学是对传统化学思维方式的创新和发展,是化学科学基础内容的更新。

从经济的观点来看,绿色化学是为人类提供合理利用资源和能源、降低生产成本、符合经济持续发展的原理和方法。

从环境的观点来看,绿色化学是从源头上消除污染、保护环境的新科学和新技术方法。

2.1.2 绿色化学的核心内容

绿色化学主要从原料安全性、工艺过程节能性、反应原子经济性和产物环境友好性等方面进行评价。原子经济性和"5R"原则是绿色化学的核心内容。

原子经济性是指充分利用反应物中的各个原子,从而既能充分利用资源,又能防止污染。提高原子利用率,最大限度利用原料中的每个原子,使之转移至目标产物中,可减少反应产生的废物,减少对环境造成的污染。

"5R"原则即减量(reduction)、重复使用(reuse)、回收(recycling)、再生(regeneration)和拒用(rejection)。

①减量:减少原料用量,减少实验废物的产生和排放。

②重复使用:循环使用催化剂、载体等。

③回收:回收未反应的原料、副产物、催化剂等。

④再生:资源和能源再利用,是减少污染的有效途径。

⑤拒用:对一些无法替代,无法回收、再生和重复使用,有毒副作用、会造成污染的原料,应拒绝使用。这是杜绝污染的根本方法。

2.2 绿色化学的双十二条原则

2.2.1 前十二条原则

前十二条原则是指环境无害产品与工艺的指导原则,由保罗·阿纳斯塔斯和约翰·华纳提出,可作为开发环境无害产品与工艺的指导原则。

①防止污染优于污染治理:防止废物的产生而不是产生后再来处理。

②提高原子经济性:设计的合成方法应当使所有反应物都转化为最终产物。

③合成方法危害最小化:尽量减少化学合成中的有毒原料、产物。

④设计安全的化学品:化学品的设计应满足高效化和无毒化的需求。

⑤使用无毒无害的溶剂和助剂:尽量不使用辅助性物质(如溶剂、分离试剂等),如果一定要用,应使用无毒物质。

⑥合理使用和节省能源:能量消耗越低越好。如有可能,合成过程应在环境温度和压力下进行。

⑦选择可再生资源:只要技术上和经济上可行,应使用可再生原料。

⑧尽可能不产生衍生物:应尽量避免不必要的反应步骤,如基团的保护、物理与化学过程的临时性修改等。

⑨采用高选择性催化剂:尽量使用选择性高的催化剂,而不是增大反应物的用量。

⑩设计可降解产物:设计化学产品时,应考虑产品使用后的降解问题。

⑪实时监控污染数据:进一步研究开发分析方法,使之能做到实时、现场监控,避免有害物质的形成。

⑫减少使用易燃易爆物质:设计路线时应考虑安全性,防止发生爆炸、火灾等事故。

2.2.2 后十二条原则

由于化学转化的绿色程度只能在放大、应用与实践中评估,因此利物浦大学的尼尔·温特顿教授提出了另外十二条原则,也称为后十二条原则。

①鉴别与量化副产物。

②报告转化率、选择性与生产率。

③建立整个工艺的物料衡算。

④测定催化剂、溶剂在废气与废水中的损失。

⑤研究基础热化学。

⑥估算传热与传质的极限值。

⑦向化学或工艺工程师咨询。

⑧考虑化学因素选择对整个工艺的影响。

⑨开发新的合成路线,注重过程的可持续性。

⑩量化并最小化辅料与其他投入。

⑪在减少废物的基础上,设计安全的操作方法。

⑫实时监控,及时报告,将实验室废物的排放量降到最低。

2.3　绿色化学的研究内容与实现途径

2.3.1　绿色化学的研究内容

一个化学反应主要受四方面因素的影响:①原料或起始物的性质;②试剂或合成路线的特点;③反应条件;④产物或目标分子的性质。

以布洛芬的合成为例,传统的 Brown 法有六步(图 2-1),原子利用率为 40.03%;而 BHC 公司采用绿色化学的理念,将制备流程改进为三步(图 2-2),原子利用率达 77.44%。在此基础上,如果考虑副产物乙酸的回收,则 BHC 法合成布洛芬的原子利用率可高达 99%。

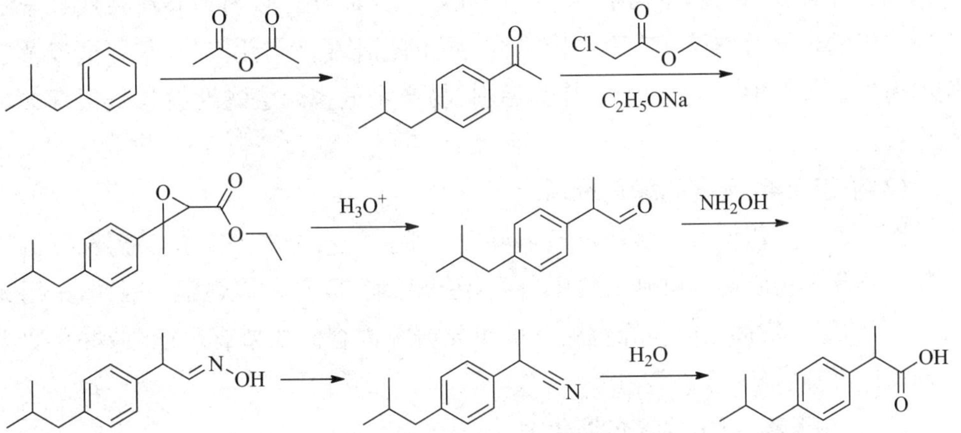

图 2-1　Brown 法合成布洛芬

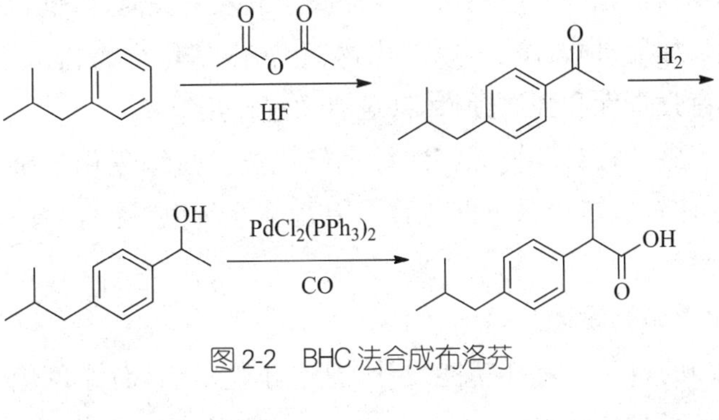

图 2-2　BHC 法合成布洛芬

2.3.2 绿色化学的实现途径

绿色化学的实现途径如图 2-3 所示。

图 2-3 绿色化学的实现途径

(1)采用无毒、无害的绿色原料

在设计合成路线的过程中,要充分考虑原材料的选择,因为其对合成效率及反应造成的环境污染程度有重要影响。传统的化工生产常用光气、氢氰酸以及它们的衍生物等有毒、有害的物质作为原料,易产生危害。生物性材料是很好的绿色原料。

(2)采用无毒、无害的绿色溶剂

溶剂是许多传统有机合成反应的媒介。常用的溶剂中有一些易挥发有机化合物。若此类物质被排放到大气中,将会污染环境,危害人体健康。因此,采用无毒、无害的绿色溶剂已成为绿色化学的重要研究内容。如果有可能,最好采取无溶剂反应,以减轻环境的负担。

(3)采用无毒、无害的绿色催化剂

化学领域(尤其是化学工业领域)的许多重大突破都发生于催化领域。催化剂性能的提高及新催化剂的应用可大大提高合成效率。但是,催化剂的使用也有可能危害环境。如无机酸、碱、金属卤化物、金属羰基化合物、有机金属络合物等均相催化剂具有强毒性和强腐蚀性,甚至有致癌作用。

高选择性、高效率、对环境无害的绿色催化技术是绿色化学研究工作者的一致目标。目前,比较成熟的绿色催化技术有固体超强酸、无机-有机复合材料、离子液体和分子筛等。

(4)绿色化学品的设计

传统化学品的设计只重视功能设计,忽略环境影响,而绿色化学品的设计要求产品功能与环境影响并重。

目前,绿色化学品设计领域已取得一定成绩:①针对塑料造成的"白色污染"问题,研发可生物降解的塑料;②针对杀虫剂对人体健康的危害,研发高选择性的新型杀虫剂;③针对涂料对人体健康的危害,开展涂料的绿色化研究。

(5)在线分析化学合成

随着分子结构与性能数据库的建立及分子模拟技术的发展,化学分子设计、合成路线设计、实验控制与模拟有了理想工具。利用大量实验数据进行综合分析,建立结构-活性关联的分子模型,可为绿色化学品的设计提供保障,从而避免盲目实验,减少能源和材料的浪费以及由此造成的环境污染。

2.4 生活中的绿色化学

生活中的绿色化学主要体现为绿色材料。绿色材料是指在原料采取、产品制造、使用和再循环利用、废物处理等环节中,与生态环境和谐共存且有利于人类健康的材料,包括循环材料、净化材料等。

循环材料是指利用固体废物制造的、可循环再生的材料,如再生纸、再生塑料、再生金属和再循环利用混凝土等。

净化材料是指能分离、分解或能吸收废气、废液的材料,包括过滤材料、杀菌材料、吸附材料和吸收材料等。

就绿色材料的具体使用领域而言,绿色建材值得关注。绿色建材是指采用清洁生产技术,少用天然资源和能源,大量使用工业或城市固体废物生产的无毒害、无污染、无放射性,有利于环境保护和人体健康的建筑材料,具有消磁、消声、调光、调温、隔热、防火、抗静电等性能。

绿色化学体现了化学与社会的相互联系和相互作用,是化学高度发展以及社会对化学发展作用的产物,有利于实现环境效益和社会效益的双丰收。很多国家已将"化学的绿色化"作为 21 世纪化学发展的主要方向之一。

▼ **阅读材料** ▶

各国对绿色化学的奖励性政策

1. 美国:总统绿色化学挑战奖

1995 年 3 月 16 日,美国设立"总统绿色化学挑战奖",奖励那些具有基础性和创新性、对工业生产有实用价值的化学工艺,以减少资源的消耗,从根本上实现对污染的防治。奖项包括绿色合成路线奖、绿色反应条件奖、设计绿色化学品奖、小企业奖、学术奖和气候变化奖(2015 年起新增)。

2. 日本:新阳光计划

20 世纪 90 年代,日本实施"新阳光计划",旨在大力开发能源和环境技术,最大限度节约能源、资源和减少排放,防止全球气候变暖,重建绿色地球。该计划还指出,绿色化学就是化学与可持续发展相结合。

3. 德国:"为环境而研究"计划

1997年,德国通过"为环境而研究"计划。该计划主要包括区域性和全球性环境工程、实施可持续发展的经济以及环境教育。

4. 英国:英国绿色化学奖

2000年,英国设立"英国绿色化学奖",奖励那些在绿色化学研究中取得突出成绩的学者和企业。

5. 荷兰:新税法条款

荷兰利用新税法条款推进清洁生产技术的开发和应用。对于采用革新性的清洁生产技术或污染控制技术的企业,其投资可按1年折旧(其他投资的折旧期通常为10年)。

6. 中国:高度重视绿色化学研究

1995年,中国科学院化学部确定了题为"绿色化学与技术"的院士咨询课题。

1997年,以"可持续发展问题对科学的挑战——绿色化学"为主题的香山科学会议第72次学术讨论会在北京召开。同年,《国家重点基础研究发展计划(973计划)》将绿色化学列为重点支持方向之一。

第3章 食品与化学

民以食为天。自古以来,食物始终是人类生存、繁衍的基本条件之一。随着生活水平的提高,人们对食物的要求已从解决温饱问题提高到了营养保健的层面。因此,了解如何科学饮食是十分必要的。

3.1 人体中的化学元素

人体是一个巨大的平衡系统。只有维持这个系统的正常代谢,才能发挥正常的生理机能,才能正常生活、工作、学习。吃饭的主要目的就是从食物中获得物质和能量,维持正常的生理功能。

人体中各元素按其含量(表 3-1)分为常量元素和微量元素。习惯上将含量高于 0.01% 的元素称为常量元素,包括 O、C、H、N、Ca、P、K、S、Na、Cl 和 Mg。11 种常量元素的总含量为 99.95%,其中 O、C、H、N 的含量约占 96%。

表 3-1　人体中各元素的含量

常量元素(99.95%)				微量元素(0.05%)		
				必需	可能必需	潜在毒性
元素	含量	元素	含量	碘(I)	锰(Mn)	氟(F)
氧(O)	65%	硫(S)	0.25%	铁(Fe)	硅(Si)	铝(Al)
碳(C)	18%	钠(Na)	0.15%	锌(Zn)	硼(P)	砷(As)
氢(H)	10%	氯(Cl)	0.15%	硒(Se)	钒(V)	铅(Pb)
氮(N)	3%	镁(Mg)	0.05%	铜(Cu)	镍(Ni)	汞(Hg)
钙(Ca)	2%	—	—	钼(Mo)	—	镉(Cd)
磷(P)	1%	—	—	铬(Cr)	—	锡(Sn)
钾(K)	0.35%	—	—	钴(Co)	—	锂(Li)

3.1.1 常量元素

常量元素是构成人体的主要元素,其生理和生化作用主要有以下几个方面:

①结构材料:Ca、P 参与构成硬组织,C、H、O、N、P、S 参与构成有机大分子,如多糖、蛋白质等。

②载体作用:体内的主动运输过程需要载体参与。在这个过程中,金属离子

及其配合物发挥重要作用。例如:含有 Fe^{2+} 的血红蛋白参与运载 O_2 和 CO_2。

③激活作用:人体内细胞每秒进行成千上万次化学反应,这与酶的催化活性是分不开的。而人体内约 1/4 的酶的活性与金属离子有关。有些金属离子可以提高酶活性,也称为酶的激活剂,如 Na^+、K^+、Mg^{2+}、Zn^{2+} 和 Fe^{2+} 等。

④调节作用:存在于体液中的 Na^+、K^+、Cl^- 等离子,在维持体液电解质平衡、酸碱平衡过程中发挥重要作用。

⑤信使作用:生物体需要不断协调各种生物过程,这就要求有各种信息传递系统。例如:Ca^{2+} 为人体内"化学信使",参与酶和激素的调节作用。

3.1.2 微量元素

微量元素在人体内含量虽然极少,但具有重要的生理功能(表 3-2)。微量元素可参与酶、激素、维生素和核酸的代谢过程,协助输送常量元素,也可作为酶的组成成分或激活剂。

表 3-2 几种常见微量元素的功能

元素	生理功能	食物来源
I	参与甲状腺激素合成,通过甲状腺激素发挥生理作用	海带、紫菜、海鱼、海盐等
Fe	参与血红蛋白的形成,促进造血	菠菜、瘦肉、蛋黄、动物肝脏等
Zn	参与多种酶的合成;加速生长发育;增强创伤组织再生能力;增强抵抗力	鱼类、肉类、动物肝脏等
Se	抗氧化,保护红细胞;预防癌症	小麦、玉米、南瓜、大蒜、海产品等
Cu	参与造血过程;参与黑色素的形成	动物肝脏、鱼、虾、蛤蜊等

大部分微量元素无法由人体合成,须由食物提供。如果膳食搭配不当、偏食或患某些疾病,就容易造成微量元素缺乏。人体缺乏某种微量元素会导致相应的疾病。例如:缺铁导致贫血;缺锌使免疫力下降,影响体格生长和智力发育;缺碘导致甲状腺肿大、甲状腺功能减退症等疾病。

法国科学家伯特兰德研究锰元素对植物生长的影响后指出,植物缺少某种必需元素时不能成活。当该元素适量时,植物能茁壮生长,但过量时不利于植物生长。人们把这一定律称为最适营养浓度定律(图 3-1)。这一定律不仅适用于植物,也适用于人与动物。因此,微量元素的摄入量不是越多越好。摄入量过多往往会产生中毒效应,严重者可能致死。如果检查发现某种微量元素缺乏,最好在药物治疗的同时辅以食补,不可长期服用药物。

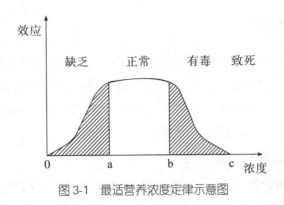

图 3-1　最适营养浓度定律示意图

3.2　营养素

对人体健康有重要作用的营养素可以分为七大类,包括糖类、脂类、蛋白质、矿物质、维生素、水和膳食纤维。这些营养素在人体内可以发挥三方面的生理作用:一是作为能源物质,供给人体所需要的能量,主要有蛋白质、糖类和脂类;二是作为人体"建筑材料",主要有蛋白质;三是作为调节物质,调节人体的生理功能,主要有维生素、矿物质和膳食纤维等。

3.2.1　糖类

糖类是由 C、H、O 构成的一大类化合物,主要包括葡萄糖、果糖、乳糖、淀粉、纤维素等。由于糖类化合物分子式中 H 和 O 的比例恰好为 2∶1,看起来像是 C 和 H_2O 的组合,因此也称糖类为碳水化合物。糖类的主要食物来源为谷类(如水稻、小麦、玉米、大麦、燕麦、高粱)、干果、干豆、根茎蔬菜(如胡萝卜、番薯)等。

3.2.1.1　糖类的功能

①提供能量。人体所需能量的 50%~60% 由糖类氧化分解供应。1 g 葡萄糖在体内完全氧化能释放出 17 kJ 热量。

②构成人体组织。例如:糖脂参与构成细胞膜。

③与蛋白质和脂类等结合,构成活性成分。

3.2.1.2　摄入糖类过少或过多的危害

膳食中缺乏糖类可造成组织蛋白质和脂肪分解及阳离子丢失,还可导致全身无力、疲乏、头晕、心悸、脑功能障碍。严重者可能引起低血糖,甚至昏迷。

摄入糖类过多时,糖类会转化成脂肪贮存于人体内,使人肥胖,进而导致各类疾病,如高血脂、糖尿病等。

3.2.2　脂类

脂类是由脂肪酸(多为 4 个碳以上的长链一元羧酸)和醇(包括甘油醇、鞘氨醇、高级一元醇和固醇)反应生成的酯及其衍生物,是油、脂肪和类脂的总称。其中,油(常温下为液体)和脂肪(常温下为固体)合称为油脂。脂类的食物来源主要有核桃、芝麻、花生、肥肉、动物内脏等。

3.2.2.1　脂类的功能

脂类是重要的营养素之一,与蛋白质、糖类并称为"三大产能营养素",在供给能量方面有重要作用。除此之外,脂类还是人体细胞的重要组成成分,如细胞膜、神经髓鞘等均由脂类参与构成。

(1)油脂的功能

①氧化提供能量。1 g 油脂在体内完全氧化能放出 37 kJ 热量。

②提供必需脂肪酸。人体必需脂肪酸主要有亚油酸、亚麻酸、花生四烯酸等。

③脂溶性维生素的载体。油脂严重缺乏会影响脂溶性维生素(如维生素 E、维生素 D、维生素 A 等)的吸收。

④提供微量营养成分。磷脂、植物固醇、谷维素等均具有营养价值。

(2)类脂的功能

①作为细胞膜结构的基本原料。磷脂是组成生物膜的主要成分。

②作为激素的前体。胆固醇为性激素、糖皮质激素等激素的前体。

3.2.2.2　必需脂肪酸

必需脂肪酸是指人体生命活动必不可少,但自身无法合成,必须由食物供给的多不饱和脂肪酸。人体必需脂肪酸有两类,一类是以亚油酸为母体的 ω-6 系列多不饱和脂肪酸,另一类是以 α-亚麻酸为母体的 ω-3 系列多不饱和脂肪酸。

(1)亚油酸

人体摄入亚油酸后可通过代谢将其转化为 γ-亚麻酸和花生四烯酸。此二者均属于 ω-6 系列多不饱和脂肪酸。因此,通常将亚油酸称为 ω-6 系列多不饱和脂肪酸的母体。亚油酸普遍存在于植物油中。

(2)α-亚麻酸

人体摄入 α-亚麻酸后可通过代谢将其转化为二十碳五烯酸和二十二碳六烯酸。此二者均属于 ω-3 系列多不饱和脂肪酸。因此,通常将 α-亚麻酸称为 ω-3 系列多不饱和脂肪酸的母体。

二十二碳六烯酸(docosahexaenoic acid,DHA)俗称"脑黄金",是大脑细胞膜的重要组成成分,对神经元轴突的延伸和新突起的形成有重要作用,可维持神经元的正常生理活动。

二十碳五烯酸(eicosapentaenoic acid,EPA)能促进神经元的生长,促进血液循环,防止胆固醇和脂肪在动脉壁上积聚。

食物来源:豆油和紫苏油中 α-亚麻酸较多,鱼类和贝类食物中 DHA 和 EPA 含量较多。

3.2.2.3　摄入脂类过少或过多的危害

必需脂肪酸缺乏可引起生长迟缓、生殖障碍、皮肤损伤,以及肾脏、肝脏、神经和视觉方面的多种疾病。而脂类物质摄入过多可使体内有害氧化物、过氧化物增多,引起肥胖及高血压、动脉硬化等疾病。

世界卫生组织、联合国粮食及农业组织和中国营养学会推荐的饱和脂肪酸、单不饱和脂肪酸和多不饱和脂肪酸的最佳比例是 1∶1∶1。大豆油、花生油、菜籽油等食用油轮换、搭配食用,有利于实现人体膳食脂肪酸的平衡。

3.2.3　蛋白质

蛋白质是构成人体组织的基本物质,是生命的物质基础,是生命活动的主要承担者。蛋白质是由氨基酸以脱水缩合的方式生成的多肽链,经过盘曲折叠形成的具有一定空间结构的物质。氨基酸是蛋白质的基本组成单位。人体内的蛋白质由 20 多种氨基酸按不同比例组合而成,具有各类生理功能。蛋白质占人体重量的 16%～20%。体重为 60 kg 的成年人体内含蛋白质 9.6～12 kg。蛋白质的食物来源主要有肉、蛋、奶、鱼、虾、豆类、坚果(如芝麻、瓜子、核桃、杏仁、松子)等。

3.2.3.1　蛋白质的生理功能

(1)构造机体

蛋白质是构成细胞、组织的重要成分,是人体组织更新和修补的主要原料,参与构成毛发、皮肤、肌肉、骨骼、内脏和大脑等,对人的生长和发育非常重要。

(2)修复组织

人体细胞处于永不停息的新生、衰老、死亡的新陈代谢过程中。例如:年轻人的表皮 28 天更新一次,胃黏膜两三天就要全部更新。因此,如果蛋白质的摄入、吸收、利用都很正常,那么各组织器官便能维持正常的生理功能;否则,便会加速肌体功能衰退,容易生病或衰老。

(3)运输载体

载体蛋白是各类物质在体内转运的载体,对维持肌体正常的新陈代谢是至关重要的。例如:血红蛋白是运输氧气和二氧化碳的载体;脂蛋白可运载脂质;转运蛋白可介导生物膜内外的物质转运与信号传导。

(4)免疫作用

由蛋白质构成的白细胞、淋巴细胞、巨噬细胞、抗体（免疫球蛋白）、补体、干扰素等可在人体内发挥综合免疫作用。人体处在多细菌、多病毒的环境中不会马上生病,靠的就是这种综合免疫作用。这些细胞和免疫物质每 7 天更新一次,蛋白质充足时可于数小时内增加 100 倍。

(5)催化作用

生化反应是我们进行各种生命活动的基础。人体细胞内每秒钟可发生成千上万次化学反应。这些反应都是在酶的催化下完成的。大多数酶的化学本质是蛋白质。我们身体中有很多种酶,每一种酶只能催化一种或一类反应。

(6)调节生理机能

激素可调节体内各器官的生理活性,其中有许多属于蛋白质、多肽。例如:胰岛素由 51 个氨基酸残基组成;生长激素由 191 个氨基酸残基组成。

(7)保护作用

胶原蛋白占人体蛋白质总量的 $30\% \sim 40\%$,是构成结缔组织的主要成分,可强化骨骼、血管、韧带、皮肤。除此之外,胶原蛋白还可参与构成大脑细胞,形成血脑屏障,可有效保护大脑。

(8)供能作用

当糖类、脂类物质提供能量不足时,蛋白质也会氧化分解供能。

3.2.3.2 必需氨基酸和非必需氨基酸

人体对蛋白质的需求实际上是对氨基酸的需求,因为食物中的蛋白质经消化、分解成氨基酸才能被人体吸收利用。营养学上将氨基酸分为必需氨基酸和非必需氨基酸两类。

(1)必需氨基酸

必需氨基酸是人体自身不能合成或合成的速度不能满足人体需要,必须从食物中摄取的氨基酸。成人有 8 种必需氨基酸,包括赖氨酸、甲硫氨酸(蛋氨酸)、亮氨酸、异亮氨酸、苏氨酸、缬氨酸、色氨酸和苯丙氨酸。婴儿多一种必需氨基酸:组氨酸[①]。

(2)非必需氨基酸

非必需氨基酸是人体自身可以合成或可以由其他氨基酸转化,不是必须从食物中直接摄取的氨基酸,包括谷氨酸、丙氨酸、甘氨酸、天冬氨酸、半胱氨酸、脯氨酸、丝氨酸和酪氨酸等 12 种氨基酸。半胱氨酸和酪氨酸等非必需氨基酸如果供

---

①组氨酸:由于组氨酸在肌肉和血红蛋白中贮存量很大,而人体对其需要量相对较少,故难以直接证实人体有无合成组氨酸能力,因此尚难确定组氨酸是否为成人的必需氨基酸。

给充裕,还可以减少人体对甲硫氨酸和苯丙氨酸等必需氨基酸的需要量。

3.2.3.3　摄入蛋白质过少或过多的危害

成年人蛋白质摄入不足会导致消瘦、肌体免疫力下降、贫血,严重者将产生水肿。未成年人蛋白质摄入不足会导致生长发育停滞、贫血,还会导致智力发育障碍,影响视力。由于人体只能贮存一定量的蛋白质,若蛋白质摄入过量,将会因代谢障碍导致蛋白质中毒,甚至死亡。

3.2.3.4　科学摄入蛋白质

①每餐食物都要有一定质和量的蛋白质。一个成年人每天通过新陈代谢更新 300 g 以上蛋白质,其中 3/4 来源于人体代谢中产生的氨基酸,这些氨基酸的再利用大大减少了蛋白质的需求量。一般情况下,18～49 岁成年男性每天摄入 65 g 蛋白质(女性为 55 g)基本能满足需要。

②各种食物合理搭配是有效提高蛋白质营养价值的方法。每天食用的蛋白质最好有 1/3 来自动物,2/3 来自植物。两类食物中的氨基酸相互补充可以显著提高营养价值。

③食用蛋白质要以足够的热量供应为前提。如果热量供应不足,肌体将消耗食物中的蛋白质提供热量。每克蛋白质在体内氧化时提供的热量与葡萄糖相当,所以用蛋白质作能源是一种浪费。

④婴幼儿、青少年、孕妇、伤员和运动员通常每天需要摄入更多蛋白质。

知识链接 | *为什么年龄大了容易发胖?*

健康成年男性或女性每天每千克体重大约需要 0.8 g 蛋白质。随着年龄的增长,人体合成蛋白质的效率会降低,肌肉(由蛋白质构成)也会萎缩,而脂肪含量却保持不变甚至增加。这就是为什么人年龄大了容易发胖。

3.2.4　维生素

维生素是人和动物为维持正常的生理功能而必须从食物中获得的一类微量有机物质,在人体生长、发育过程中发挥重要作用。目前公认的维生素有 13 种:维生素 A、维生素 B_1、维生素 B_2、维生素 B_3、维生素 B_5、维生素 B_6、维生素 B_7、维生素 B_9、维生素 B_{12}、维生素 C、维生素 D、维生素 E 和维生素 K。这 13 种维生素又可以分成脂溶性维生素和水溶性维生素两大类,见表 3-3。

表3-3   维生素的分类

水溶性维生素				脂溶性维生素	
维生素	别名	维生素	别名	维生素	别名
维生素 B_1	硫胺素	维生素 B_2	核黄素	维生素 A	视黄醇
维生素 B_3	烟酸	维生素 B_5	泛酸	维生素 D	抗佝偻病维生素
维生素 B_6	吡哆素	维生素 B_7	生物素	维生素 E	生育酚
维生素 B_9	叶酸	维生素 B_{12}	钴胺素	维生素 K	凝血维生素
维生素 C	抗坏血酸	—	—		

3.2.4.1   维生素的特点

①维生素均以维生素原(维生素前体)的形式存在于食物中。

②维生素不是构成人体组织和细胞的组成成分,也不会产生能量,主要参与调节代谢。

③大多数维生素无法由人体合成或合成量不足(不能满足人体的需要),必须从食物中获取。

④人体对维生素的需要量很小,日需要量常以毫克或微克计,但摄入量不足会引发相应的维生素缺乏症,危害人体健康。

3.2.4.2   维生素的生理功能及食物来源

维生素有维持视觉、加强免疫、维持正常的生理代谢等功能。口臭、体臭、头发干枯分叉、雀斑、皮肤粗糙、视力下降等小毛病往往与体内缺乏某种维生素有关。表3-4列举了13种维生素的生理功能与部分食物来源及缺乏症状。

表3-4   维生素的生理功能与部分食物来源及缺乏症状

维生素	功能	缺乏症状	食物来源
维生素 A	维持视觉,促进生长发育	夜盲症、角膜干燥	鱼肝油、绿叶蔬菜
维生素 B_1	维持新陈代谢、神经系统的正常生理功能	神经炎、脚气病	酵母、动物肝脏、大豆
维生素 B_2	促进生长发育和细胞的再生,增强视力	口角炎、口腔溃疡	酵母、动物肝脏、蔬菜
维生素 B_3	维持消化系统健康,合成激素的原料	糙皮病	谷物、动物肝脏、米糠
维生素 B_5	抗应激,抗寒冷,抗感染	四肢神经痛	酵母、谷物、动物肝脏
维生素 B_6	帮助分解蛋白质、脂肪和糖类	食欲缺乏、粉刺、贫血	谷物、动物肝脏、蛋类
维生素 B_7	帮助人体细胞将营养素转换成可以使用的能量	皮炎、湿疹、舌炎	蔬菜、动物肝脏
维生素 B_9	合成嘌呤和胸腺嘧啶	—①	绿叶蔬菜
维生素 B_{12}	保持健康的神经系统,有助于红细胞的形成	恶性贫血、月经不调	动物内脏、肉类、蛋类

①对于正常成人而言,维生素 B_9 缺乏症状表现不明显,但孕妇维生素 B_9 摄入不足可导致胎儿神经管畸形。

维生素	功能	缺乏症状	食物来源
维生素 C	利于创伤口愈合,促进氨基酸代谢,提高免疫	免疫力和应激能力下降	蔬菜、水果
维生素 D	促进钙、磷吸收和骨生长	佝偻病、骨折、肌无力	海鱼、动物肝脏、瘦肉
维生素 E	延缓衰老,改善脂质代谢	不孕不育、免疫力下降	果蔬、坚果、乳类
维生素 K	促进血液凝固,参与骨代谢	内出血、吸收不良	绿叶蔬菜、奶、肉类

3.2.4.3 科学合理补充维生素

①食补优于药补。

②缺什么补什么,不宜随意服用复合维生素。

③宜阶段性服用,不宜大量、长期服用。

④不挑食,不偏食,注重食材搭配,多食用粗粮和蔬菜。

3.3 营养与能量平衡

能量指的是人体维持生命活动所需要的热能。一切生命活动都需要能量,而这些能量主要来源于食物。糖类、脂肪和蛋白质统称为"产能营养素"或"热源质",均可经氧化释放能量。

3.3.1 影响人体能量需要的因素

人体消耗的能量主要用于基础代谢、体力活动和食物热效应。对于生长发育中的儿童,身体各组织生长和更新也需要消耗能量。

(1)基础代谢

基础代谢是维持生命最基本活动的代谢状态,即无体力、脑力负担,无胃肠消化活动,清醒静卧于室温(18~20 ℃)条件下的代谢状态。基础代谢消耗的能量是维持生命活动最基础的能量。

基础代谢率是指人体在清醒、平静的状态下,不受肌肉活动、环境温度、食物及精神紧张等因素影响时的能量代谢率,即最基本的生理活动(血液循环、呼吸及维持体温)每小时单位表面积的能量消耗。室温条件下,成人的基础代谢率为 $150\sim160\ kJ/(m^2 \cdot h)$。体型、性别、年龄和生理状态等均可影响基础代谢率。一般情况下,男性的基础代谢率比女性高,儿童和青少年的基础代谢率比成年人高。

(2)体力活动

体力活动消耗的能量与劳动强度、劳动时间、劳动姿势及熟练程度有关。

如果食物提供的能量长时间低于劳动消耗的能量,人体就会消耗体内贮存的糖类或脂肪,人就会消瘦;否则,人就容易变胖。

(3)食物热效应

人体因进食而引起的能量消耗额外增加的现象称为食物热效应,也称为食物特殊动力作用。这是因为食物在消化、转运、代谢及储存过程中均需要消耗能量。各种营养素的食物热效应强弱不同:蛋白质最强,其次是碳水化合物,脂肪最弱。一般混合膳食的食物热效应所消耗的能量约为每日消耗能量的10%。

(4)生长发育

人体每增加1 g新组织需要消耗约20 kJ能量。能量摄入必须和生长速度相适应,否则生长便会减慢。

3.3.2 人体能量的来源

糖类是人体能量的主要来源。人每日所需能量中约70%来源于糖类。糖类的食物来源主要有米、面、土豆和糖制品。

脂肪为人体提供和储存热能,人体所需能量约20%来源于脂肪。

蛋白质也能提供微量的能量,不过只有在糖类及脂肪被大量消耗的情况下,人体才可能通过分解蛋白质来获得能量。

3.3.3 健康膳食结构建议

2022年4月26日,中国营养学会发布《中国居民膳食指南(2022)》,给出中国居民平衡膳食宝塔。中国居民平衡膳食宝塔(图3-2)共分5层,包含我们每天应食用的主要食物种类。图中各类食物的位置和面积不同,这在一定程度上反映出它们在膳食中的地位和比重。

(1)食物多样,合理搭配

①每天的膳食应包括谷薯类、蔬菜水果类、畜禽鱼蛋奶类、大豆坚果类等食物。每天吃12种以上食物,每周吃25种以上食物。

②食物多样、谷类为主是平衡膳食模式的重要特征。每天吃谷薯类食物250～400 g,其中全谷物和杂豆类50～150 g,薯类50～100 g。

(2)多吃蔬果、奶类、全谷、大豆

①餐餐有蔬菜。每天吃不少于300 g新鲜蔬菜,深色蔬菜应占1/2。

②天天吃水果。每天吃200～350 g新鲜水果,果汁不能代替鲜果。

③多吃奶制品。每天吃相当于300 mL以上液态奶的各类奶制品。

④经常吃全谷物、豆制品,适量吃坚果。每天吃相当于25～35 g干豆的大豆及豆制品。

(3)适量吃鱼、禽、蛋、瘦肉

①每周吃鱼 2 次或 300～500 g,畜禽肉 300～500 g,蛋类 300～350 g,每天食用总量为 120～200 g。

②优先选择鱼,少吃肥肉、烟熏和腌制肉制品。

③吃鸡蛋不弃蛋黄。

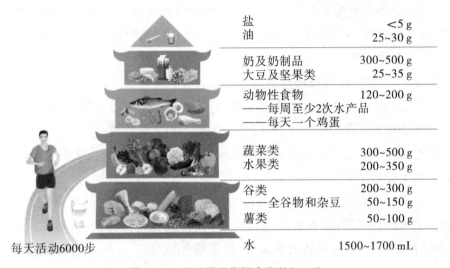

盐	<5 g
油	25～30 g
奶及奶制品	300～500 g
大豆及坚果类	25～35 g
动物性食物	120～200 g
——每周至少2次水产品	
——每天一个鸡蛋	
蔬菜类	300～500 g
水果类	200～350 g
谷类	200～300 g
——全谷物和杂豆	50～150 g
——薯类	50～100 g
水	1500～1700 mL

每天活动6000步

图 3-2 中国居民平衡膳食宝塔(2022)

(4)少盐少油,控糖限酒

①培养清淡饮食习惯,少吃高盐食品和油炸食品。成人每天食盐不超过 5 g,烹调油 25～30 g。

②控制添加糖的摄入量,每天不超过 50 g,最好控制在 25 g 以下。

③反式脂肪酸每日摄入量不超过 2 g。

④儿童、青少年、孕妇、哺乳期妇女及慢性病患者不应饮酒。成人如饮酒,一天饮用的酒精(乙醇)量不超过 15 g。

(5)规律进餐,足量饮水

①合理安排一日三餐,定时定量,不漏餐。

②规律进餐,饮食适度,不暴饮暴食,不偏食挑食,不过度节食。

③足量饮水,少量多次。在温和气候条件下,低身体活动水平成年男性每天喝水 1700 mL,成年女性每天喝水 1500 mL。

④推荐喝白水或茶水,少喝或不喝含糖饮料,不用饮料代替白水。

(6)吃动平衡,健康体重

①各年龄段人群都应天天运动,保持健康体重。

②减少久坐时间,每小时起来动一动。

③食不过量,控制总能量摄入,保持能量平衡。

④坚持日常身体活动,每周至少进行 5 天中等强度身体活动,累计 150 min 以上;最好每天走 6000 步。

3.4 食品添加剂

根据《中华人民共和国食品安全法》,食品添加剂是指为改善食品品质和色、香、味以及为防腐、保鲜和加工工艺的需要而加入食品中的人工合成或者天然物质,包括营养强化剂。

由以上定义可知,食品添加剂具有 3 个特征:

①食品添加剂是人为加入食品中的物质,因此一般不单独作为食品食用。

②食品添加剂既包括人工合成的物质,也包括天然物质。

③食品中加入食品添加剂的目的是改善食品品质和色、香、味以及防腐、保鲜或满足加工工艺需要。

食品添加剂大大促进了食品工业的发展,被誉为"现代食品工业的灵魂",其主要作用是防止变质,改善食品感官性状,保持或提高营养价值,提高食用方便性,方便食品加工,满足其他特殊需要(如无糖食品)。

3.4.1 食品添加剂的分类

《食品安全国家标准 食品添加剂使用标准》(GB 2760—2014)按功能将食品添加剂分为 22 类,包括防腐剂、抗氧化剂、护色剂、漂白剂、凝固剂、膨松剂、增稠剂、乳化剂、着色剂和食品用香料等。目前,我国允许使用的食品添加剂有 2400 多种,其中已有国家标准的食品添加剂有 643 种[①]。

3.4.2 常用食品添加剂

3.4.2.1 防腐剂

防腐剂是能抑制微生物活动,防止食品腐败变质的一类食品添加剂。防腐剂是以保持食品原有品质和营养价值为目的的食品添加剂。我国允许使用的防腐剂有苯甲酸、苯甲酸钠、山梨酸、山梨酸钾、丙酸钙等。

(1)苯甲酸钠

苯甲酸钠可用于碳酸饮料、酱菜、蜜饯、葡萄酒、果酒、果汁饮料等食品。

(2)山梨酸钾

山梨酸钾(图 3-3)的使用范围较广,除可用于苯甲酸钠适用的食品外,还可用

---

① 数据来源:食品安全标准与检测评估司于 2022 年 2 月 21 日发布的食品安全国家标准目录。

于鱼、肉、禽类制品,以及果冻、乳酸菌饮料、糕点、面包等食品。

3.4.2.2　抗氧化剂

抗氧化剂是能阻止或延缓食品氧化变质、提高食品稳定性和延长贮存期的食品添加剂。丁基羟基茴香醚(butylated hydroxyanisole,BHA)和二丁基羟基甲苯(dibutyl hydroxy toluene,BHT)是目前使用最广泛的两种抗氧化剂。

(1)BHA

BHA(图 3-4)是一种很好的抗氧化剂,能阻碍油脂食品的氧化作用,延缓食品败坏的速度。

(2)BHT

BHT(图 3-5)可用于食用油脂、油炸食品、干鱼制品、方便面、果仁罐头、腌腊肉制品等食品。

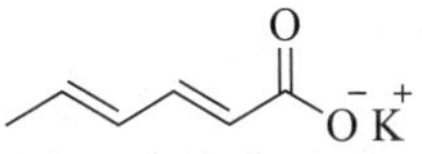

图 3-3　山梨酸钾的结构式 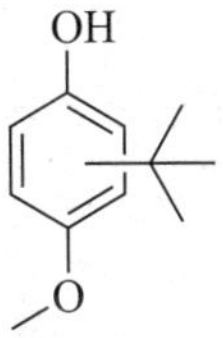　　　图 3-4　BHA 的结构式 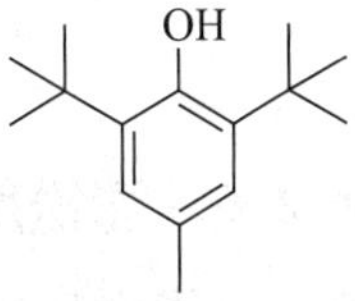　　　图 3-5　BHT 的结构式

3.4.2.3　护色剂

护色剂能与肉及肉制品中呈色物质反应,使之在食品加工过程中不致分解、破坏,呈现良好的色泽。

我国批准使用的护色剂有硝酸钠(钾)和亚硝酸钠(钾)等。发色原理:亚硝酸钠与肉中的乳酸作用生成亚硝酸,亚硝酸分解产生的 NO 很快与肉中的肌红蛋白结合,形成亚硝基肌红蛋白,使肉制品呈现诱人的鲜红色。

亚硝酸盐是添加剂中急性毒性较强的物质之一。我国要求肉制品加工过程中亚硝酸盐使用量不能超过 0.15 g/kg,硝酸盐使用量不能超过 0.5 g/kg。肉制品成品中的残留量(以亚硝酸钠计):西式火腿≤70 mg/kg,肉罐头类≤50 mg/kg,腌腊肉、酱卤肉、熏烤肉、油炸肉等均≤30 mg/kg。

3.4.2.4　漂白剂

漂白剂是指能够破坏或者抑制食品色泽形成因素,使其褪色或使食品免于褐变的物质,常用于果脯生产、淀粉糖浆等制品的漂白处理等。

硫黄燃烧产生 SO_2,起漂白、保鲜防腐的作用。《食品安全国家标准 食品添加剂使用标准》(GB 2760—2014)规定,硫黄只允许用于水果干类、蜜饯凉果、干制蔬菜、食用菌、藻类、魔芋粉等食品的加工,且只限熏蒸处理。

3.4.2.5　凝固剂

凝固剂是指使食品组织结构不变,增强黏性固形物的物质。常用凝固剂有硫酸钙、葡萄糖酸-δ-内酯和丙二醇等。

(1)硫酸钙

生产豆腐常用磨细的硫酸钙(石膏)作为凝固剂,效果最佳。此外,硫酸钙还可用作增稠剂和酸度调节剂。

(2)葡萄糖酸-δ-内酯

葡萄糖酸-δ-内酯(图3-6)作为凝固剂可用于制作内酯豆腐,作为防腐剂可用于鱼肉禽虾等的防腐保鲜,作为酸度调节剂可用于稀奶油。

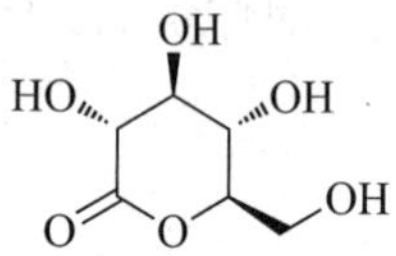

图3-6　葡萄糖酸-δ-内酯的结构式

3.4.2.6　膨松剂

膨松剂是指食品加工过程中加入的,使面胚起发,形成致密多孔组织,从而使制品膨松、柔软或酥脆的物质。我国批准使用的膨松剂有碳酸氢钠、碳酸钙、硫酸铝钾等。

3.4.2.7　增稠剂

增稠剂主要用于提高食品的黏稠度或形成凝胶,改变食品的物理性状,赋予食品黏润、适宜的口感,兼有乳化、稳定或使呈悬浮状态等作用。常用的增稠剂有明胶、阿拉伯胶、黄原胶和 β-环状糊精等。

3.4.2.8　乳化剂

乳化剂能提高乳油液的稳定性,使面包、馒头、蛋糕保持松软,使面条不易碎烂,还可提高奶粉、麦乳精等粉末饮料、冲剂的分散性和可溶性。一般可用亲水亲油平衡值(hydrophile-lipophile balance value,HLB)来表示其乳化能力。HLB越大,亲水作用越强。常用的乳化剂有蔗糖脂肪酸酯和山梨糖醇等。

3.4.2.9　着色剂

着色剂是以给食品着色为主要目的的添加剂,可使食品具有悦目的色泽,刺激食欲。天然着色剂有辣椒红、甜菜红、高粱红、焦糖色素等;合成色素有胭脂红、苋菜红、日落黄、柠檬黄等。

3.4.2.10　食品用香料

食品用香料是用于调配食品香精,使食品增香的物质。根据来源,食品用香料可分为天然香料和合成香料。食品用香料一般配制成食品用香精后用于为食品增香。常见食品用香精有鲜奶精、一滴香、肉味香精。

(1)鲜奶精

鲜奶精由多种香料混合而成,适用于奶茶、冰淇淋、蛋糕、面包、饼干等食品,可增加鲜奶香气,提升口感。鲜奶精稀释千倍后仍有鲜奶香气及口感,可使加工成本降低50%。

(2)一滴香

"一滴香"的营养价值不高,长期过量食用将危害人体健康。如果吃火锅隔夜后衣服上还有味道,基本可以确定火锅底料中加了一滴香等香精。

(3)肉味香精

肉味香精的主要成分为乙基麦芽酚,可以模拟牛肉、猪肉、羊肉等肉类的味道,主要应用于各种方便食品的调味包、熟肉制品、膨化小食品、火锅、卤制品等。

3.4.3　食品添加剂的认识误区

(1)食品添加剂是非法添加物?

生活中常见的加工食品几乎离不开食品添加剂,但是很多人对食品添加剂存在认识误区,认为食品添加剂是非法添加物。例如:"红心鸭蛋"事件让不少人误以为苏丹红是食品添加剂,并将其罪名扣到食品添加剂的头上。实际上,苏丹红是一种染色剂,并非食品添加剂。饲料里违法添加染色剂却让食品添加剂背了黑锅,这显然是不公平的。

(2)天然的比合成的安全?

人们对食品添加剂的另一认识误区是,天然的食品添加剂比人工合成的安全。事实上,添加剂是否安全和是否天然没有任何关系,应结合添加剂的批准使用范围和允许剂量来讨论其安全性。就已有食品添加剂的检测结果来看,天然的食品添加剂并不一定比合成的食品添加剂毒性小,有的甚至因毒性高而被禁用。例如:2002年,卫生部发布《关于进一步规范保健食品原料管理的通知》,禁止朱砂、石蒜、红豆杉、红茴香等59种天然原料香料在保健食品中的使用。

食品添加剂应依法、控量使用。国务院办公厅《关于严厉打击食品非法添加行为 切实加强食品添加剂监管的通知》中要求规范食品添加剂生产使用:严禁使用非食用物质生产复配食品添加剂,不得购入标志不规范、来源不明的食品添加剂,严肃查处超范围、超限量等滥用食品添加剂的行为。

◥ 阅读材料 ◤

豆腐与化学

1. 豆腐的起源

刘安,汉高祖刘邦之孙,公元前164年被封为淮南王,都邑设于寿春(今安徽寿县城关)。刘安雅好道学,欲求长生不老之术,不惜重金广招方术之士。其中,较为出名的有苏飞、李尚、田由、雷被、伍被、晋昌、毛被、左吴八人,号称"八公"。他们取北山中"珍珠""大泉""马跑"三泉清冽之水磨制豆汁,又以豆汁培育丹苗,不料炼丹不成,豆汁与盐卤化合成一片芳香诱人、白白嫩嫩的东西。当地胆大农夫取而食之,竟然美味可口,于是取名"豆腐"。北山从此更名"八公山",刘安也于无意中成为豆腐的老祖宗。

2. 豆腐的制作工艺

由黄豆制作成豆腐,经历了泡豆、磨浆、滤渣、煮浆、点兑和成型等工序,如图3-7所示。

图3-7 豆腐的制作工艺

豆浆中的蛋白质团粒被水簇拥着不停运动,形成胶体。要使豆浆变成豆腐,必须点卤。中国有句歇后语"卤水点豆腐——一物降一物",说的就是做豆腐必须要用卤水来点,比喻一物会被另一物降服。点兑过程中添加的卤水即凝固剂,可使豆浆发生胶体凝聚,产生盐析效应。点卤后,分散的蛋白质团粒很快聚集到一起,形成白花花的豆腐脑,如图3-8所示。豆腐脑挤出水分即可得到豆腐。

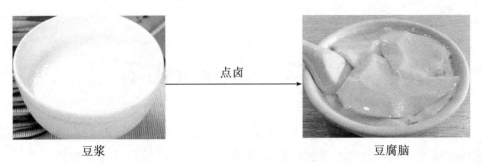

图 3-8 豆浆点卤制作豆腐脑

3. 豆腐常用凝固剂

随着现代科学的发展,豆腐的制作工艺也在不断改进。目前,点兑常用的凝固剂有盐卤、石膏和葡萄糖酸-δ-内酯等。

(1)盐卤

盐卤也称卤水,是制盐后残留于盐池的母液,其主要成分为氯化镁、硫酸镁和氯化钠等,是中国古代北方制豆腐常用的凝固剂。

(2)石膏

石膏为二水硫酸钙的矿石,又名细理石、寒水石,在古代药典《神农本草经》《药品化义》《名医别录》《本草衍义补遗》《本草纲目》中均有记载,是中国较长一段时间内制作豆腐常用的凝固剂。

(3)葡萄糖酸-δ-内酯

葡萄糖酸-δ-内酯为白色结晶或白色结晶性粉末,几乎无臭,呈味先甜后酸,易溶于水。用葡萄糖酸-δ-内酯点出的豆腐更加细嫩,味道和营养价值也更高。市面上常见的内酯豆腐就是以葡萄糖酸-δ-内酯为凝固剂制成的。

第4章　饮料与化学

饮料是指经加工制成的适于饮用的液体，尤指用来解渴、提供营养或提神的液体。饮料一般可分为酒精饮料和非酒精饮料，非酒精饮料又称软饮料。

4.1　酒精饮料

酒精饮料是指供人饮用且酒精度在 0.5%vol 以上的饮料。酒精饮料通常可按酒精度分为高度酒（>40%vol）、中度酒（20%vol~40%vol）和低度酒（<20%vol），也可根据生产工艺分为蒸馏酒、酿造酒和配制酒。

知识链接 | *酒精度*

酒精度一般用于表示酒精饮料中含乙醇的体积百分比，通常以 20 ℃时的体积比表示。例如：50%vol 表示在 100 mL 酒中含有 50 mL 乙醇（20 ℃）。由于酒精度一般以体积计算，故在酒精浓度后加上"vol"，以区别于质量百分比。

(1)蒸馏酒

蒸馏酒的制造工艺一般包括原材料的粉碎、发酵、蒸馏及陈酿 4 个步骤，酒精含量较高，一般属于高度酒。

①白酒：一般以小麦、高粱、玉米等为原料。

②白兰地：以水果为原料制成的蒸馏酒。

③威士忌：用预处理过的谷物制成的蒸馏酒。威士忌以苏格兰、爱尔兰、加拿大和美国的产品最具知名度。

④伏特加：可用马铃薯、大麦、黑麦等任何可发酵的原料酿造，不具有明显的特性、香气和味道。

⑤龙舌兰酒：以植物龙舌兰为原料酿制的蒸馏酒。

⑥朗姆酒：主要以甘蔗为原料。

⑦金酒：一种加入香料的蒸馏酒。

(2)酿造酒

①葡萄酒：主要以新鲜的葡萄为原料酿制而成。依据制造过程，葡萄酒可分成一般葡萄酒、起泡葡萄酒、强化葡萄酒和混合葡萄酒。

②啤酒：麦芽、啤酒花、水和酵母经发酵得到的含酒精饮品的总称。

③米酒：又称酒酿、甜酒，旧时称"醴"，用米酿制而成，是中国传统酒类。

(3)配制酒

配制酒是以酿造酒、蒸馏酒或食用酒精为酒基，加入各种天然或人造的原料，经特定的工艺处理后形成的具有特殊色、香、味、型的调配酒。

中国有许多配制酒名品，如五加皮、参茸酒、竹叶青酒等。外国配制酒种类繁多，有开胃酒、利口酒等。

4.1.1　中国酒的发展历程

中国酒的发展历程可分为 4 个阶段：

(1)启蒙期：公元前 4000—公元前 2000 年

先民们主要利用发酵的谷物泡水制酒。距今 4000 多年的龙山文化遗址中发现了酿酒、饮酒的多种器具，这表明当时酒的酿制已经发展至人工制作的阶段。

(2)成长期：夏朝到秦朝

这一时期，官府对酒的酿造愈发重视，设置了专门酿酒机构；人们发明了酒曲发酵酿酒的方法，创造了"古遗六法"。

(3)成熟期：秦朝到宋朝

这一时期，《齐民要术》和《酒诰》问世，新丰酒、兰陵酒等名酒涌现，黄酒、果酒、药酒及葡萄酒也有了发展。

虽然酿造技术和贮存技术有了很大进步，但人们依然采取发酵榨汁的方法酿酒，酒精度低，且含有淀粉等杂质。古代英雄豪杰们之所以能"大碗喝酒，大口吃肉"，皆因当时的酒酒精度比较低。宋代诗人陆游所写《游山西村》中的第一句"莫笑农家腊酒浑"则反映了酒中含杂质这一事实。

(4)提高期：元朝至今

蒸馏酒又称为火酒、烧酒、烧刀子等。李时珍在《本草纲目》中写道："烧酒非古法也，自元时始创其法，用浓酒和糟入甑，蒸令气上，用器承取滴露。凡酸坏之酒，皆可蒸烧。近时惟以糯米或粳米或黍或秫或大麦蒸熟，和麴酿瓮中七日，以甑蒸取。其清如水，味极浓烈，盖酒露也。"因此，一般认为自元代开始便有蒸馏酒。

新中国成立以后，用"白酒"这一名称代替了以前所使用的"烧酒""高粱酒"等名称。

4.1.2　蒸馏酒

4.1.2.1　白酒

白酒可以根据酒的主体香气特征分类。目前，业内公认的有 12 种香型。

①酱香型：亦称茅香型，以贵州省仁怀市产的茅台酒为代表。

②浓香型:具有芳香浓郁、绵柔甘洌、香味协调、入口苦、落口绵、尾净余长等特点。

③清香型:亦称汾香型,以山西汾酒、汾阳王酒等为代表。

④兼香型:又称复香型、混合型,是指具有 2 种以上主体香气的白酒,具有一酒多香的特点。

⑤米香型:亦称蜜香型,属于小曲香型酒,一般以大米为原料。

⑥凤香型:以陕西省宝鸡市产的西凤酒为代表。以乙酸乙酯香气为主,一定的己酸乙酯香气为辅。

⑦芝麻香型:以山东省安丘市产的一品景芝为代表。

⑧豉香型:以广东省佛山市产的玉冰烧为代表。

⑨特香型:以江西省宜春市产的四特酒为代表。

⑩药香型:以贵州省遵义市产的董酒为代表。

⑪老白干香型:以河北省衡水市产的老白干酒为代表。

⑫馥郁香型:以湖南省吉首市产的酒鬼酒为代表。

4.1.2.2 白兰地

白兰地是以水果为原料,经发酵、蒸馏、陈酿、调配而成的一种蒸馏酒。狭义上的白兰地是指葡萄发酵后经蒸馏、陈酿(使用橡木桶)而成的酒。白兰地被人称为"葡萄酒的灵魂"。我们通常所说的白兰地均指葡萄白兰地。

4.1.2.3 威士忌

威士忌是一种由大麦等谷物酿制,在橡木桶中陈酿多年后,调配成 $40\%vol \sim 60\%vol$ 的烈性蒸馏酒。威士忌按照产地可以分为苏格兰威士忌、爱尔兰威士忌、美国威士忌和加拿大威士忌四大类。

4.1.2.4 伏特加

伏特加是俄罗斯传统酒精饮料。伏特加以谷物或马铃薯为原料,经过蒸馏制成高达 $95\%vol$ 的酒精,再用蒸馏水稀释至 $40\%vol \sim 60\%vol$,并经过活性炭过滤,酒液清亮透明,口感清淡爽口,不甜、不苦、不涩,只有烈焰般的刺激。此为伏特加独具一格的口感。用于调制鸡尾酒的各种基酒之中,伏特加是最具灵活性、适应性和变通性的。

4.1.2.5 龙舌兰酒

龙舌兰酒是墨西哥的国酒,被称为"墨西哥的灵魂"。龙舌兰酒是以龙舌兰为原料经过蒸馏制作而成的蒸馏酒。龙舌兰酒常作为基酒用于调制各种鸡尾酒,如龙舌兰日出、斗牛士、霜冻玛格丽特等。

4.1.2.6 朗姆酒

朗姆酒是以甘蔗糖蜜为原料生产的一种蒸馏酒,也称为糖酒、兰姆酒、蓝姆酒,酒精度为 38%vol~50%vol,无色或呈琥珀色、棕色。朗姆酒原产于古巴,口感甜润,芬芳馥郁。根据原料和酿制方法,朗姆酒可分为朗姆白酒、朗姆老酒、淡朗姆酒、朗姆常酒、强香朗姆酒等。

4.1.2.7 金酒

金酒也称杜松子酒、琴酒,最先由荷兰生产,在英国大量生产后闻名于世,是世界名酒之一。金酒按口味风格又可分为辣味金酒、老汤姆金酒和果味金酒。金酒具有芳芬诱人的香气,无色透明,味道清新爽口,可单独饮用,也可用于调配鸡尾酒。

4.1.3 酿造酒

4.1.3.1 葡萄酒

按照《葡萄酒》(GB 15037—2006)的规定,葡萄酒是以鲜葡萄或葡萄汁为原料,经全部或部分发酵酿制而成的,含有一定酒精度的发酵酒。葡萄酒的成分相当复杂。其中:含量最多的是葡萄果汁,占 80%以上;其次是葡萄中的糖分自然发酵而成的酒精,酒精度一般为 10%vol~13%vol;剩余的物质如果胶、矿物质和单宁酸等(超过 1000 种)虽比例不高,却是酒质的决定性因素。

(1)按葡萄酒的颜色分类

①白葡萄酒:用白葡萄或皮红肉白的葡萄分离发酵制成。酒色为微黄泛绿,近似无色或浅黄、禾秆黄、金黄。

②红葡萄酒:采用皮红肉白或皮肉皆红的葡萄,经葡萄皮和汁混合发酵而成。酒色为自然深宝石红、宝石红、紫红或石榴红。

③桃红葡萄酒:用红葡萄带皮发酵或分离发酵制成。酒色为淡红、桃红、橘红或玫瑰红。

(2)按葡萄酒的含糖量分类

①干葡萄酒:含糖量低于 4 g/L,品尝不出甜味。

②半干葡萄酒:含糖量为 4~12 g/L,略带甜味。

③半甜葡萄酒:含糖量为 12~45 g/L,较具甜味。

④甜葡萄酒:含糖量大于 45 g/L,具有丰富甜味。

4.1.3.2 啤酒

啤酒是一种以小麦芽和大麦芽为主要原料,添加啤酒花,先经液态糊化和糖化,再经液态发酵酿制而成的酒精饮料。啤酒的酒精含量较低,含有多种氨基酸、维生素、糖类、无机盐和各种酶。其中,糖类和氨基酸很容易被消化吸收,在人体内产生大量热能,因此啤酒往往被人们称为"液体面包"。

知识链接 | *啤酒的度数*

啤酒标签上除酒精度外还会标明麦芽度,即啤酒的原麦汁浓度。原麦汁浓度是指啤酒酿造过程中,麦芽和辅料中能够浸出的可溶性物质的质量百分比,简称麦芽糖含量,以°P为单位。此处"可溶性物质"包括葡萄糖、果糖、麦芽糖和低级糊精,以及可溶性蛋白质、氨基酸等物质。如果每千克麦芽汁中的可溶性物质达110 g,则相对应的啤酒度数为11.0°P。一般啤酒的酒精度为2％vol~7.5％vol。酒精含量和麦芽糖含量呈正相关,即啤酒麦芽度越高,酒精度越高。

啤酒可以根据是否杀菌进行分类,也可以根据生产原料进行分类。

①按是否杀菌分类:熟啤酒、鲜啤酒、纯生啤酒。

熟啤酒:经巴氏消毒法灭菌的啤酒。熟啤酒可以存放较长时间,可用于外地销售。瓶装啤酒多为熟啤酒。

鲜啤酒:啤酒包装后,不经巴氏消毒法灭菌的啤酒。鲜啤酒味道鲜美,但容易变质,低温下可保存3天,冷藏可保存一个月左右。

纯生啤酒:采用特殊的酿造工艺,严格控制微生物指标,使用包括0.45 μm微孔过滤的三级过滤,不进行热杀菌,以使啤酒保持较高的生物、非生物、风味稳定性。纯生啤酒新鲜、可口,保质期可达半年。

②按生产原料分类:全麦芽啤酒、黑啤酒、小麦啤酒。

全麦芽啤酒:遵循德国纯酿法,原料全部采用麦芽,不添加任何辅料。全麦芽啤酒麦芽香味突出,但生产成本较高。

黑啤酒:麦芽原料中加入部分焦香麦芽酿制成的啤酒,具有色泽深、苦味重、泡沫绵密、酒精含量高等特点,有焦糖香味。

小麦啤酒:添加小麦芽生产的啤酒,对生产工艺的要求较高,酒液清亮透明,口感清淡爽口,苦味轻,但保质期较短。

③特种啤酒:如果味啤酒。果味啤酒发酵时加入果汁提取物,酒精度低,既有啤酒特有的清爽口感,又有水果的香甜味道。

4.1.3.3 黄酒

黄酒是世界上最古老的酒类之一,源于中国,且为中国独有,与啤酒、葡萄酒并称世界三大古酒。商周时期,古人独创酒曲复式发酵法,开始大量酿制黄酒。南方地区,黄酒多以糯米为原料;北方地区,黄酒以黍米、粟及糯米(北方称江米)为原料。黄酒的酒精度一般为14％vol~20％vol,属于低度酿造酒。

4.1.3.4　日本清酒

日本清酒是借鉴中国黄酒的酿造法而发展起来的酿造酒,以奈良地区所产的清酒最负盛名。日本清酒的酒精度为 $14\%vol\sim19\%vol$,属于低度酒。

4.1.4　饮酒与健康

4.1.4.1　乙醇在体内的代谢

乙醇在人体内的分解代谢主要靠 2 种酶,一种是乙醇脱氢酶,另一种是乙醛脱氢酶。乙醇脱氢酶能把乙醇分子中的 2 个氢原子脱掉,使乙醇氧化成乙醛。而乙醛脱氢酶则能把乙醛中的 2 个氢原子脱掉,使乙醛氧化为乙酸,进一步转化为二氧化碳和水。人体若同时具备这 2 种酶,就能较快分解乙醇,中枢神经就较少受到乙醇的作用。一般人体中都存在乙醇脱氢酶,但部分人缺少乙醛脱氢酶。乙醛脱氢酶的缺少致使乙醇不能被完全氧化,以乙醛的形式继续留在体内,使人产生恶心、呕吐等醉酒症状,甚至引发酒精中毒。因此,酒量小的人可能是乙醛脱氢酶数量不足或完全缺乏。需要注意的是,酒量大的人如果饮酒过多、过快,超过了2 种酶的分解能力,也会醉酒。

4.1.4.2　酗酒的危害

(1)损伤肝脏

乙醇能使肝细胞发生变性和坏死。一次性大量饮酒会杀伤大量的肝细胞,使转氨酶含量急剧升高;长期饮酒容易导致酒精性脂肪肝、酒精性肝炎甚至酒精性肝硬化。

(2)损伤大脑

乙醇具有神经毒性作用,能直接杀伤脑细胞,使之溶解、消亡、减少。长期饮酒者脑细胞死亡速度会加快,脑萎缩也会越来越严重。伴随脑血流量的减少,脑内葡萄糖代谢率降低,脑神经元活性减弱,大脑功能随之衰退。

(3)麻痹神经

乙醇对人体各组织有不同程度的刺激作用,其中神经系统最为敏感。随着血液中乙醇浓度增大,神经系统功能受抑制的程度逐渐加深。当血液中的乙醇浓度达到 0.1% 时,出现醉酒状态,自控力下降。当血液中的乙醇浓度达到 0.4% 时,则可能出现昏迷、呼吸心跳抑制。长期酗酒会导致酒精中毒性精神障碍。

除此之外,长期酗酒还会影响消化,升高血压,甚至导致不孕不育。

4.1.4.3　饮酒的注意事项

饮酒时应注意服药不饮酒,空腹不饮酒,不过量饮酒,不劝他人饮酒,饮酒不开车。空腹饮酒会刺激胃黏膜,容易引起胃炎、胃溃疡等疾病,还会引发低血糖,导致体内葡萄糖供应不足,出现心悸、头晕等症状。过量饮酒会给身体造成极大的危害。

知识链接 | **服药不宜饮酒**

服用以下药物时,不宜饮酒:

①抗生素类药物,如头孢氨苄、呋喃唑酮、氯霉素、呋喃妥因、甲硝唑等。服用抗生素类药物后饮酒可能发生双硫仑样反应,严重的可能危及生命。

②镇静催眠类药物,如苯巴比妥、水合氯醛、地西泮等。乙醇会加快此类药物在人体内的吸收速度,同时减慢其代谢速度,使药物成分在血液中的浓度在短期内迅速增大。饮酒后,乙醇对中枢神经系统有先兴奋后抑制的作用。乙醇与镇静类药物有叠加作用,会使中枢神经系统正常活动受到严重抑制,使患者出现昏迷、休克、呼吸衰竭甚至死亡。

③解热镇痛剂类药物,如阿司匹林、对乙酰氨基酚等。此类药物本身对胃黏膜有刺激和损伤作用,而乙醇也伤胃,两者共同作用,可导致胃炎、胃溃疡、胃出血等症状。

④利血平类降压药。乙醇可增强此类药物的降压作用,易引起低血压休克。

⑤异烟肼类药物。服用异烟肼期间饮酒容易诱发异烟肼的肝脏毒性反应,并加速异烟肼的代谢,不利于症状缓解。

4.2   非酒精饮料

非酒精饮料是指酒精度低于0.5%vol,以补充人体水分为主要目的的流质食品,包括固体饮料。

4.2.1   碳酸饮料

碳酸饮料是将水、二氧化碳气体和各种香料、糖浆、色素等混合在一起形成的气泡式饮料。

碳酸饮料因酸甜清爽而深受大众欢迎,但长期饮用碳酸饮料有以下危害:

①越喝越渴。碳酸饮料有利尿作用,会促使水分排出甚至引起脱水。

②易造成肥胖。碳酸饮料中含有大量糖,过量摄入的糖在体内会转化为脂肪,非常容易引起肥胖。

③影响消化。碳酸饮料含有大量二氧化碳,很容易引起腹胀、腹痛,影响食欲,甚至造成胃肠功能紊乱。

④易导致骨质疏松。碳酸饮料会潜移默化地影响体内钙的吸收,造成钙流失,长期饮用会导致骨质疏松,诱发龋齿。

4.2.2 果蔬汁饮料

果蔬汁饮料是指未添加任何外来物质,直接以新鲜或冷藏果蔬为原料,清洗、挑选后,采用压榨、浸提、离心等物理方法得到果蔬汁液,添加水、糖、酸或香料调配而成的饮料。

根据加工工艺或饮料中水果蔬菜汁的含量,果蔬汁饮料可分为以下几类。

(1)果汁

果汁是指采用机械方法对水果进行加工制成的未经发酵但能发酵的汁液;或采用渗滤或浸提工艺提取水果中的汁液,再用物理方法除去加入的溶剂制成的汁液;或在浓缩果汁中加入与果汁浓缩时失去的天然水分等量的水制成的,具有原水果果肉色泽、风味和可溶性固形物含量的汁液。

(2)果浆

果浆是指采用打浆工艺对水果或水果的可食部分进行加工制成的未经发酵但能发酵的浆液;或在浓缩果浆中加入与果浆在浓缩时失去的天然水分等量的水制成的,具有原水果果肉色泽、风味和可溶性固形物含量的制品。

(3)浓缩果汁和浓缩果浆

浓缩果汁和浓缩果浆是指用物理方法从果汁或果浆中除去一定比例的天然水分制成的具有原有果汁或果浆特征的制品。

(4)果肉饮料

果肉饮料是指在果浆或浓缩果浆中加入水、糖液、酸味剂等调制而成的制品,成品中果浆含量不低于 300 g/L。用高酸、汁少肉多的水果调制而成的制品,成品中果浆含量不低于 200 g/L。含有 2 种或 2 种以上不同品种果浆的果肉饮料称为混合果肉饮料。

(5)果汁饮料

果汁饮料是指在果汁或浓缩果汁中加入水、糖液、酸味剂等调制而成的清汁或浊汁制品,如橙汁饮料、菠萝汁饮料等,成品中果汁含量不低于 100 g/L。含有 2 种或 2 种以上不同品种果汁的果汁饮料称为混合果汁饮料。

(6)果粒果肉饮料

果粒果肉饮料是指在果汁或浓缩果汁中加入水、柑橘类囊胞(或其他水果经切细的果肉等)、糖液、酸味剂等调制而成的制品,成品果汁含量不低于 100 g/L,果粒含量不低于 50 g/L。

(7)水果饮料浓浆

水果饮料浓浆是指在果汁或浓缩果汁中加入水、糖液、酸味剂等调制而成的,含糖量较高,稀释后方可饮用的饮品。按照产品标签上标明的稀释倍数稀释后,果汁含量不低于 50 g/L。含有 2 种或 2 种以上不同品种果汁的水果饮料称为混合水果饮料浓浆。

(8)水果饮料

水果饮料是指在果汁或浓缩果汁中加入水、糖液、酸味剂等调制而成的清汁或浊汁制品,如橘子饮料、菠萝饮料、苹果饮料等,成品中果汁含量不低于 50 g/L。含有 2 种或 2 种以上不同品种果汁的水果饮料称为混合水果饮料。

(9)蔬菜汁

蔬菜汁是指在用机械方法对蔬菜进行加工制得的汁液中加入水、食盐、白砂糖等调制而成的制品,如番茄汁。

(10)复合果蔬汁饮料

复合果蔬汁饮料是指将蔬菜汁与果汁按一定配比混合,然后加入白砂糖等调制而成的制品。

4.2.3 功能饮料

功能饮料又称健康饮料,是指通过调整饮料中天然营养素的种类和含量,以适应某些特殊人群营养需要的饮品。

(1)功能饮料的分类

根据所含的主要成分和功能,功能饮料可分为以下几类。

①多糖饮料:大多指含有膳食纤维的饮料,可以促进肠胃蠕动。

②维生素饮料:补充人体所需的维生素。

③矿物质饮料:补充人体所需的铁、锌、钙等各种矿物质元素。

④运动类饮料:营养素的种类和含量可满足运动员或参加体育锻炼人群的特殊营养需要。

⑤益生菌饮料:促进人体肠胃中有益菌生长,改善肠道环境,促进消化。

⑥免疫类饮料:添加虫草多糖、香菇多糖、氨基酸和多肽类物质。

(2)功能饮料的选择建议

①在挑选功能饮料的时候,请仔细阅读每种饮料上注明的成分,根据自身特点选择饮料。

②功能饮料不是谁都适合,尤其是儿童,少喝为宜。

③功能饮料不能代替水。中小学生每天喝水以 1.5～2 L 为宜,其中应以温开水为最佳。

4.2.4 茶饮料

茶饮料是指用水浸泡茶叶,经抽提、过滤、澄清等工艺制成的茶汤,或在茶汤中加入水、糖液、酸味剂、食用香精、果汁、乳制品、植(谷)物提取物等调制加工而成的饮品。茶饮料具有茶叶的独特风味,含有天然茶多酚、咖啡因等成分。

根据《茶饮料》(GB/T 21733—2008)的规定,茶饮料按产品风味分为茶饮料(茶汤)、调味茶饮料、复(混)合茶饮料及茶浓缩液。

①茶饮料(茶汤):以茶叶的水提取液或其浓缩液、茶粉等为原料,经加工制成的,保持原茶汁应有风味的液体饮料。茶饮料(茶汤)分为红茶饮料、绿茶饮料、乌龙茶饮料、花茶饮料及其他茶饮料。茶饮料(茶汤)中茶多酚含量≥300 mg/kg,咖啡因含量≥40 mg/kg。

②调味茶饮料:以茶叶的水提取液或其浓缩液、茶粉等为原料,加入果汁(或食用果味香精)、乳(或乳制品)或二氧化碳、食糖和(或)甜味剂、食用酸味剂、香精等调制而成的液体饮料。调味茶饮料包括果汁茶饮料、果味茶饮料、奶茶饮料、奶味茶饮料、碳酸茶饮料及其他调味茶饮料。

③复(混)合茶饮料:以茶叶和植(谷)物的水提取液或其浓缩液、干燥粉为原料加工制成的,具有茶与植(谷)物混合风味的液体饮料。复(混)合茶饮料中茶多酚含量≥150 mg/kg,咖啡因含量≥25 mg/kg。

④茶浓缩液:采用物理方法从茶叶水提取液中除去一定比例的水分经加工制成,加水复原后具有原茶汁应有风味的液态制品。

知识链接 | 我国茶叶的分类

1979 年,我国茶学家陈椽教授撰写《茶叶分类理论与实践》一文,以茶叶变色理论为基础,将茶叶分为绿茶、黄茶、黑茶、白茶、青茶和红茶六大茶类。这种分类法既体现了茶叶的品质,又体现了茶叶制法的系统性,得到了国内外茶业界的广泛认同,广泛应用于茶叶科学研究、生产及贸易。

①绿茶:不发酵茶,产量最大的一个茶类,国人最常饮用的茶。代表茶有西湖龙井、碧螺春、黄山毛峰、太平猴魁等。

②白茶:轻发酵茶,种类和产量都较少。代表茶有白毫银针、安吉白茶、白牡丹、贡眉等。

③黄茶:弱发酵茶。代表茶有君山银针、北港毛尖、霍山黄芽、皖西黄小茶、沩山毛尖等。

④青茶:半发酵茶。代表茶有闽北乌龙、武夷岩茶(大红袍、铁罗汉)、闽南乌龙(铁观音)、广东乌龙(凤凰单丛)、台湾乌龙(冻顶乌龙)等。

⑤红茶:全发酵茶,中国主要出口茶类。代表茶有小种红茶(正山小种、烟小种)、工夫红茶(滇红、祁红、川红、金骏眉)、红碎茶(叶茶、碎茶、片茶)等。

⑥黑茶:后发酵茶。代表茶有云南普洱、湖南安化黑茶、湖北老青茶、湖北佬扁茶、四川边茶等。

知识链接 | *饮茶(非茶饮料)的好处*

茶叶富含茶多酚、咖啡因、脂多糖等物质,具有调节生理功能的作用。长期饮茶可防止人体内固醇含量升高,有防治心肌梗死的作用。茶叶中的茶多酚可清除人体内过量的自由基,抑制和杀死病原菌。此外,饮茶还有提神、消除疲劳、抗菌等作用。

4.2.5 含乳饮料

含乳饮料是指以鲜乳或乳制品为原料,加入水及适量的辅料,经配制或发酵而成的饮料制品。

含乳饮料可分为配制型含乳饮料和发酵型含乳饮料。

①配制型含乳饮料:以乳或乳制品为原料,加入水,以及白砂糖和(或)甜味剂、酸味剂、果汁、茶、咖啡、植物提取液等的一种或几种调制而成的饮料。

②发酵型含乳饮料:以乳或乳制品为原料,经乳酸菌等有益菌培养发酵制得的乳液中加入水,以及白砂糖和(或)甜味剂、酸味剂、果汁、茶、咖啡、植物提取液等的一种或几种调制而成的饮料。

4.2.6 咖啡类饮料

咖啡类饮料是以咖啡豆和/或咖啡制品(研磨咖啡粉、咖啡的提取液或浓缩液、速溶咖啡等)为原料,可添加食糖、乳和/或乳制品、植粉末、食品添加剂等,经加工制成的液体饮料。

咖啡饮用注意事项:

①切勿在空腹时喝咖啡,因为咖啡会促进胃酸分泌,尤其是胃溃疡患者更应谨慎。

②高血压、冠心病、动脉硬化等疾病患者不宜长期或大量饮用咖啡。

③大量饮用咖啡会影响钙质吸收,引起骨质疏松,中老年女性不宜大量饮用咖啡。

④孕妇过量饮用咖啡可导致胎儿畸形或流产。

▼ **阅读材料** ▲

中国酒的起源

随着历史的发展,经过夏、商两代,饮酒的器具也越来越多。已出土的殷商文物中,青铜酒器占相当大的比例,说明当时饮酒风气盛行。那么,是谁发明了酒?关于酒的起源,有以下4种传说。

1. 酒星造酒说

"诗仙"李白的《月下独酌·其二》中有"天若不爱酒,酒星不在天"的诗句,东汉名士孔融的《难曹公表制禁酒书》中有"天垂酒星之耀,地列酒泉之郡"之说,唐代诗人李贺的《秦王饮酒》中有"龙头泻酒邀酒星,金槽琵琶夜枨枨"的诗句……我国古代神话和民间传说中也多见酒星造酒的说法。

2. 猿猴造酒说

猿猴造酒说在我国的许多典籍中都有记载。早在明朝时期,文人李日华在他的著述《紫桃轩又缀》中就有此类记载:"黄山多猿猱,春夏采花果于石洼中,酝酿成酒,香气溢发,闻数百步。"清代文人李调元在《粤东笔记》中写道:"琼州多猿……尝于石岩深处得猿酒,盖猿以稻米杂百花所造,一石米则有五六升许,味最辣,然极难得。"徐珂的《清稗类钞·饮食类》也有猿猴造酒的记载:"粤西平乐等府,山中多猿,善采百花酿酒。樵子入山得其巢穴者,其酒多至数百石。饮之,香美异常,名曰猿酒。"不同时代、不同人的作品,起码可以证明这样的事实:猿猴的聚居处多有类似"酒"的发现。

3. 仪狄造酒说

史书《吕氏春秋》中有"仪狄作酒"的说法。西汉刘向编订的《战国策》对此作出进一步说明:"昔者,帝女令仪狄作酒而美,进之禹,禹饮而甘之,遂疏仪狄,绝旨酒,曰:'后世必有饮酒亡其国者!'"但郭沫若指出,相传禹臣仪狄开始造酒,这是指比原始社会时代的酒更甘美浓烈的酒。笔者认为这种说法似乎更可信。

4. 杜康造酒说

西汉刘向在《世本·作篇》中写道:"仪狄始作酒醪,变五味。少康作秫酒。"东汉许慎在《说文解字·巾部》中写道:"古者少康初作箕帚、秫酒。少康,杜康也。"西晋江统在《酒诰》中写道:"酒之所兴,肇自上皇。或云仪狄,一曰杜康。有饭不尽,委余空桑,郁积生味,久蓄气芳,本出于此,不由奇方。"宋人朱肱在《酒经》中写道:"酒之作尚矣,仪狄作酒醪,杜康作秫酒。"魏武帝曹操在《短歌行》中写道:"何以解忧,唯有杜康。"自此之后,杜康造酒的说法似乎更多了。

第5章 药物与化学

药物通常指用于预防、治疗和诊断疾病,增强躯体或精神健康的物质。根据来源和性质,药物可分为天然药物、化学药物和生物药物。化学药物是目前临床应用最广泛的药物。

5.1 药物的发展历程

药物的发展历程可概括为以下 4 个阶段:

(1)天然药物阶段

19 世纪末以前属于天然药物阶段,即利用天然药物治疗疾病的时期。在这一时期,广泛使用的药物为纯天然物质。我国在这个阶段为世界药学发展做出了巨大贡献。

中医药文化源远流长,上古时便有"神农尝百草"的传说。

《山海经》记载动物、植物、矿物等药物约 120 多种。

成书于汉代的《神农本草经》载药 365 种,以三品分类法分上、中、下三品,为中医药理论奠定了基础。

南北朝梁代陶弘景所作《本草经集注》载药 730 种,分玉石、草木、虫兽、果、菜、米食、有名未用 7 大类。

唐代苏敬等人编写的《新修本草》载药 844 种,是中国历史上第一部由政府颁布的药典,也是世界上最早的药典。

宋大观二年(1108 年),艾晟重编《大观经史证类备急本草》,载药 1745 种,其中无机物类药物 253 种。

明代医学家李时珍撰写的《本草纲目》(图 5-1)是我国最完整的一部医药学著作,被誉为"东方医学巨典",收录药物总计 1892 种。书中包含丰富的化学知识,既有对汞矿、铅矿、锰矿、石棉、金、银、铁等物质物理性质的记载,也有对其化学反应的相关记载。

图 5-1 《本草纲目》

16 世纪,瑞典医学家和化学家帕拉采尔苏斯将矿物作为药物用于临床医疗,大胆使用汞、锑、铁、铝和硫酸铜等无机物,将化学和医学紧密联系起来,开创了医药化学的新时代。

1763 年，伦敦皇家学会发表了爱德华·斯通的《关于柳树皮治疗寒热成功的记述》。

1805 年，德国化学家泽尔蒂纳从罂粟中提取出吗啡，发现其具有镇痛作用。1827 年，默克公司将吗啡作为药物进行商业化生产。

1820 年，法国化学家佩尔蒂埃与卡旺图从金鸡纳树皮中提取出奎宁，用于治疗疟疾。1944 年，美国化学家伍德沃德和他的学生实现了奎宁的全合成。

1828 年，约翰·巴奇纳从柳树皮中分离出极少量水杨苷。1838 年，意大利化学家拉菲尔·皮里亚从柳树中提取出一种有机酸，并将其命名为水杨酸。

1855 年，德国化学家弗里德里希首次从古柯叶中提取出麻药成分，并将其命名为 Erythroxylon。1859 年，奥地利化学家阿尔伯特·纽曼从古柯叶中精制出更高纯度的物质，并将其命名为可卡因(Cocaine)。1880 年，美国外科学家霍尔斯特德将可卡因制成局部麻醉剂。1884 年，奥地利著名心理学家西格蒙德·弗洛伊德首先推荐使用可卡因作局部麻醉剂、性欲刺激剂、抗抑郁剂，并在其后很长一段时间里使用可卡因治疗幻想症。他将可卡因称为"富有魔力的物质"。

(2)药物发现阶段

19 世纪末，化学药物兴起，利用化学药物治疗疾病的疗法正式登上历史舞台。

1853 年，法国化学家热拉尔用水杨酸与乙酸酐合成了乙酰水杨酸，但没能引起人们的重视。1897 年，德国化学家霍夫曼①合成乙酰水杨酸，并用该物质为父亲治疗风湿性关节炎(疗效极好)。1899 年，拜耳以 Aspirin(阿司匹林)为商标，将乙酰水杨酸销售至全球。

(3)药物发展阶段

20 世纪 30 年代至 60 年代，大量化学药物上市。这一时期也被称为化学药物发展的黄金时期。

1932 年，德国生物化学家、细菌学家格哈德·多马克发现，将一种新合成的橘红色染料(品名为百浪多息)注射进被感染的小鼠体内，能杀死链球菌。他给女儿注射了大剂量的百浪多息，用于治疗链球菌感染。几天后，女儿恢复健康。多马克于 1935 年发表了他的这一发现，让全世界都知道了这种新药。百浪多息在被用于救治美国总统罗斯福的儿子后名声大噪。后来，药物学家博韦发现，百浪多息的有效成分是磺胺米柯定，其在体内分解产生对氨基苯磺酰胺(简称磺胺)。对氨基苯磺酰胺及磺胺类化合物的应用开创了特效药的新时代。

1928 年，英国细菌学家弗莱明(图 5-2)发现了世界上第一种抗生素——青霉素。由于当时技术不够先进，认识不够深刻，弗莱明并没有把青霉素分离出来。

① 霍夫曼：有文献指出，霍夫曼是在艾兴格兴的指导下合成了阿司匹林。感兴趣的读者可以查阅相关资料。

1941 年,英国病理学家弗洛里和德国化学家钱恩实现了青霉素的分离与纯化,同时发现其对传染病有极好的疗效。但是,青霉素会使个别人发生过敏反应,所以在应用前必须做皮试。1943 年,弗洛里和美国军方签订了首批青霉素生产合同,拯救了数千万人的生命。1945 年,弗莱明、弗洛里和钱恩因发现青霉素及其对各种传染病的疗效而共同荣获诺贝尔生理学或医学奖。同年,化学家多萝西·霍奇金用 X 射线衍射法测定了青霉素的分子结构。

图 5-2　英国细菌学家弗莱明

(4)药物设计阶段

20 世纪 60 年代起,多学科紧密交叉联系,更多选择性高、药效强、更具专一性的药物快速发展,靶向药物兴起。

1960 年,美国病理学家彼得·诺维尔发现,慢性粒细胞白血病患者癌细胞的染色体中,第 22 号染色体明显更短。1973 年,芝加哥大学的珍妮特·罗利教授发现,第 22 号染色体之所以短,是因为第 9 号染色体与第 22 号染色体发生了相互易位。1982 年,新西兰科学家 Annelies 发现,癌基因 ABL1 易位后与 B 细胞抗原受体融合,使酪氨酸激酶持续激活,最终导致慢性粒细胞白血病的发生。1993 年,美国肿瘤学家布莱恩·德鲁克和瑞士生物化学家尼克·莱登发现酪氨酸激酶抑制剂甲磺酸伊马替尼(格列卫)能够对 BCR-ABL 酶起强抑制作用。2001 年,诺华公司生产的格列卫于美国上市,用于治疗慢性粒细胞白血病。

5.2　药物的分类和名称

5.2.1　药物的分类

①根据来源和性质分类:化学药物、天然药物和生物药物等。
②根据化学结构分类:磺胺类药物、大环内酯类药物和青霉素类药物等。
③根据给药方式分类:口服药、注射药和外用药等。
④根据药物作用部位分类:内分泌系统药物、心血管系统药物和神经调节性药物等。

⑤根据药物的用途分类:预防药物、治疗药物和诊断药物。

⑥根据药理作用分类:抗高血压药物、抗肿瘤药物和抗过敏药物等。

⑦根据消费者可获得和使用药物的权限分类:处方药(Rx)和非处方药(OTC)。处方药是必须凭执业医师处方才可调配、购买和使用的药物;而非处方药是不需要凭医师处方,可自行判断、购买和使用的药物。

5.2.2 药物的名称

每一种药物都有特定的名称。通常情况下,大部分药物至少有 3 个名称,即通用名称、化学名称和商品名称。其中,通用名称和化学名称都有一定的命名规则。

(1)通用名称

任何药品说明书上都应标注通用名称。选购药品时一定要弄清药品的通用名称。在中国,药品的通用名称指中国药品通用名称,由国家药典委员会按照《中国药品通用名称命名原则》组织制定并报国家药品监督管理局备案,是同一种成分或相同配方组成的药品在中国境内的通用名称。药品英文通用名称采用世界卫生组织编订的国际非专利药名,如 Aspirin(阿司匹林)。没有国际非专利药名的,可采用其他合适的英文名称。

(2)化学名称

药物的化学名称是根据药物的化学结构进行命名的,可表达药物的确切分子结构,是最准确的系统名称。英文化学名称应符合国际纯粹与应用化学联合会制定的命名规则。

药物的化学名称一般较长。以盐酸环丙沙星为例,其通用名称与化学名称分别如下:

中文通用名称:盐酸环丙沙星

英文通用名称:Ciprofloxacin Hydrochloride

中文化学名称:1-环丙基-6-氟-1,4-二氢-4-氧代-7-(1-哌嗪基)-3-喹啉羧酸盐酸盐

英文化学名称:1-cyclopropyl-6-fluoro-4-oxo-7-piperazin-1-ylquinoline-3-carboxylicacid;hydrochloride

(3)商品名称

药品的商品名称是指经国家药品监督管理部门批准的特定企业使用的该药品专用的商品名称。以对乙酰氨基酚为例,其商品名有多种,如百服咛、泰诺林、必理通等。

由于药物的化学名称有一定的专业性,较为复杂,难以识记。药物的商品名称五花八门,容易混淆。因此,患者在用药时一定要认准通用名称,避免重复用

药、用错药。《中华人民共和国商标法》规定,通用名称即国家标准规定的药品名称不能作为商标或商品名注册,因此通用名可以帮助识别药品。

5.3　感冒常用药物

感冒是一种常见的急性上呼吸道病毒感染性疾病,多由鼻病毒、副流感病毒、呼吸道合胞病毒等引起,临床表现为鼻塞、喷嚏、流涕、发热、咳嗽、头痛等,多呈自限性。我们常说的感冒是指普通感冒,又称伤风或上呼吸道感染,多发于冬季、春季和季节交替时。由于感冒发病急促,症状复杂多样,至今没有一种药物能同时解决所有问题,因此,感冒药多为复方制剂。

常见感冒药有解热镇痛药、组胺拮抗剂、抗病毒药、中枢兴奋药、镇咳药等西药和中成药。

5.3.1　解热镇痛药

解热镇痛药能使发热患者的体温恢复正常,但对正常人的体温没有影响。这类药物也具有中等强度的镇痛作用,但其强度不及吗啡及其合成代用品。常用的解热镇痛药按化学结构可分为水杨酸类、苯胺类、丙酸类和吡唑酮类。

5.3.1.1　水杨酸类

临床使用最早、最广泛的水杨酸类解热镇痛药为阿司匹林(图 5-3),即乙酰水杨酸。

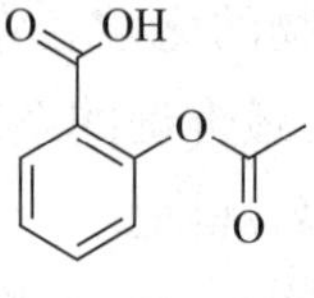

图 5-3　阿司匹林的结构式

(1)药效

阿司匹林具有显著的解热镇痛作用,能使患者的体温降低至正常水平,而对体温正常者一般无影响,对轻、中度体表疼痛尤其是炎症性疼痛有明显疗效,临床常用于治疗感冒发热、头痛、偏头痛、牙痛、神经痛、关节痛、肌肉痛和痛经等。

(2)不良反应

阿司匹林短期应用小剂量(一般解热镇痛剂量)时不良反应较少,但在应用较大剂量(抗风湿治疗)和长期过量应用时会出现中毒反应,具体表现为头痛、头晕、耳鸣、视力障碍、出汗、精神恍惚、恶心、呕吐等,甚至可能出现惊厥和昏迷。此时,应采用静脉滴注碳酸氢钠,以碱化尿液,加速排泄。阿司匹林很少引发过敏反应,且其超剂量使用所引发的副作用易于诊断和处理。

5.3.1.2　苯胺类

苯胺类的代表药物是对乙酰氨基酚(图 5-4),又名扑热息痛,是目前应用量最大的解热镇痛药之一。

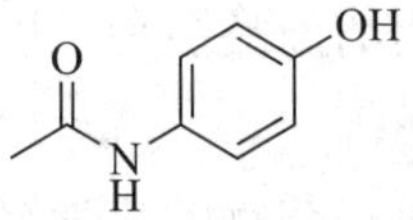

图 5-4　对乙酰氨基酚的结构式

(1)药效

对乙酰氨基酚通过抑制下丘脑体温调节中枢分泌的前列腺素合成酶,减少前列腺素、缓激肽和组胺等的合成和释放,通过神经调节引起外周血管扩张、毛孔出汗,达到解热的作用。其抑制中枢神经系统前列腺素合成的作用与阿司匹林相当,但抗炎作用较弱。对乙酰氨基酚主要适用于感冒发热、关节痛、神经痛、偏头痛、癌性痛及手术后止痛,还可用于对阿司匹林过敏、不耐受或不适于应用阿司匹林的患者(如水痘、血友病以及其他出血性疾病患者)。

(2)不良反应与注意事项

少数病例可发生过敏性皮炎(皮疹、皮肤瘙痒等)、粒细胞缺乏、血小板减少、高铁血红蛋白血症、贫血及肝、肾功能受损等。短期使用一般不会引起胃肠出血。

用于解热时,连续使用应不超过 3 天;用于止痛时,连续使用应不超过 5 天。剂量过大可造成肝损伤,严重者可致昏迷甚至死亡。服药期间不得饮酒(或含有酒精的饮料)。

5.3.1.3 丙酸类

丙酸类衍生物为临床应用较广的非甾体类消炎药。常用药物有布洛芬(图5-5)、萘普生、酮洛芬和氟比洛芬等。下面以布洛芬为例进行说明。

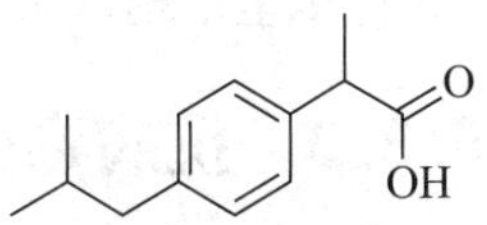

图5-5 布洛芬的结构式

(1)药效

布洛芬通过抑制环氧化酶的活性来减少前列腺素的合成,发挥镇痛、抗炎作用;通过作用于下丘脑体温调节中枢起解热作用。布洛芬可用于缓解轻至中度疼痛,如头痛、关节痛、偏头痛、牙痛、肌肉痛、神经痛、痛经,也适用于缓解普通感冒或流行性感冒引起的发热。

(2)不良反应与禁忌

消化道受损为最常见的不良反应。长期用药者中有 16% 出现消化道不良反应,包括消化不良、胃烧灼感、胃痛、恶心和呕吐。一般不必停药,继续服用可建立耐受。出现胃溃疡和消化道出血者不足 1%。1%～3%的患者会出现头痛、嗜睡、眩晕和耳鸣等神经系统不良反应。其他少见的不良反应有下肢水肿、肾功能不全、皮疹、支气管哮喘、肝功能异常、白细胞减少等。大剂量服用会导致骨髓抑制和肝功能受损。

严重肝肾功能不全者或严重心力衰竭者禁用。对阿司匹林或其他非甾体类消炎药过敏者对本品可有交叉过敏反应,禁用。活动性或有既往消化性溃疡史、胃肠道出血或穿孔的患者禁用。孕妇及哺乳期妇女禁用。

5.3.2 组胺拮抗剂

组胺拮抗剂可使上呼吸道的分泌物干燥,变黏稠,减少喷嚏和鼻溢液,同时具有轻微的镇静作用。常用的组胺拮抗剂有氯苯那敏(扑尔敏)和苯海拉明等。下面以氯苯那敏为例进行介绍。

(1)药效

氯苯那敏(图 5-6)是用于预防过敏性疾病(如鼻炎和荨麻疹)的第一代烷基胺抗组胺药,常用的有马来酸盐,具有抑制中枢和抗胆碱的作用。

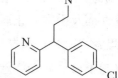

图 5-6 氯苯那敏的结构式

(2)不良反应

不良反应以困倦最为常见,偶有胸闷、咽痛、疲乏、心悸或出血倾向,还可有痰液黏稠的现象。服用过量表现为排尿困难或尿痛、头晕、口鼻咽部干燥、食欲减退、恶心、上腹不适或胃痛。服用量过大致急性中毒时,成人常出现中枢抑制。儿童中毒时,多呈中枢兴奋,出现烦躁、焦虑、入睡困难和神经过敏。

5.3.3 抗病毒药

抗病毒药一般通过阻碍病毒入侵、影响病毒复制,起到抗病毒的作用。常用的抗病毒药有盐酸金刚烷胺、盐酸吗啉胍等。

5.3.3.1 盐酸金刚烷胺

盐酸金刚烷胺(图 5-7)是最早用于抑制流感病毒的抗病毒药。美国于 1966 年批准其作为预防药,并于 1976 年在预防药的基础上确认其为治疗药。目前,盐酸金刚烷胺对成年患者的疗效及安全性已得到广泛认同。

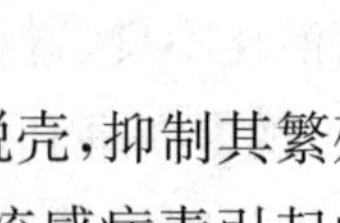

图 5-7 盐酸金刚烷胺的结构式

(1)药效

盐酸金刚烷胺可以阻止病毒穿入宿主细胞,影响病毒脱壳,抑制其繁殖,有预防和治疗病毒性感染的作用,能有效预防和治疗各种 A 型流感病毒引起的流感。在流感流行期,采用盐酸金刚烷胺作为预防药,保护率可达50%～79%。对已发病者,如在 48 h 内给药,能有效地治疗由甲型流感病毒引起的呼吸道症状。

(2)不良反应

较常见的不良反应有眩晕、失眠、神经质、恶心、呕吐、厌食、口干和便秘,少见白细胞减少、中性粒细胞减少,偶见抑郁、焦虑、幻觉、精神错乱、共济失调、头痛,罕见惊厥等。

5.3.3.2 盐酸吗啉胍

(1)药效

盐酸吗啉胍(图 5-8)又称病毒灵,为广谱抗病毒药,对甲型及乙型流感病毒、副流感病毒、鼻病毒、呼吸道合胞病毒、冠状病毒以及某些腺病毒均有作用。

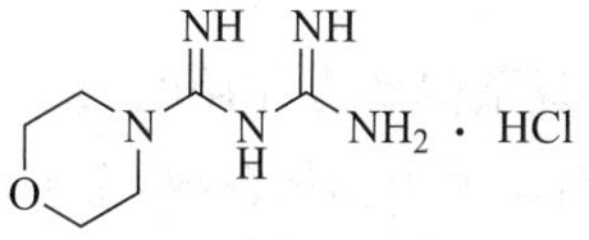

图 5-8 盐酸吗啉胍的结构式

(2)不良反应

可致胃肠道反应如恶心、呕吐、食欲减退,部分患者有过敏性皮疹、皮肤搔痒的表现,个别患者有出汗、低血糖等表现。

5.3.4 中枢兴奋药

中枢兴奋药可通过收缩脑血管缓解脑血管扩张引起的头痛,从而提高解热镇痛药的疗效,同时抵消抗组胺药的嗜睡作用。常用中枢兴奋药有咖啡因。

(1)药效

咖啡因(图 5-9)是一种黄嘌呤生物碱化合物,能够减轻组解热镇痛药、组胺拮抗剂、抗病毒药引起的头晕、嗜睡症状。适度使用咖啡因有祛除疲劳、兴奋神经、驱走睡意、恢复精力的作用。

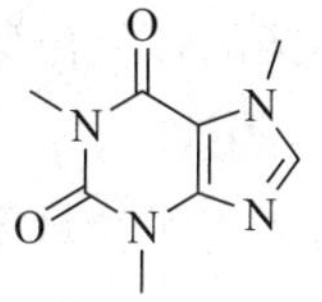

图 5-9 咖啡因的结构式

(2)不良反应

大剂量或长期使用咖啡因会对人体造成损害。需要特别注意的是,咖啡因具有成瘾性,一旦停用会出现精神萎靡、浑身困乏疲软等戒断症状。

5.3.5 镇咳药

咳嗽是呼吸道疾病的主要症状,也是一种保护性反射:咳嗽能促进呼吸道痰液和异物的排出,保持呼吸道的清洁和通畅。轻度咳嗽一般不需要服用镇咳药。严重而频繁的咳嗽会影响患者的休息或加重病情甚至引起其他并发症,应在对因治疗的同时应用镇咳药。常用镇咳药有二氧丙嗪和苯佐那酯等。下面介绍二氧丙嗪的药效、不良反应与禁忌。

(1)药效

二氧丙嗪有较强的镇咳作用,以及抗组胺、解除平滑肌痉挛、抗炎和局部麻醉作用,常用于慢性支气管炎,镇咳效果显著,也可用于过敏性哮喘、荨麻疹、皮肤瘙痒等。

(2)不良反应与禁忌

少数患者服药后有嗜睡、头晕或精神不振等现象。高血压患者慎用。

5.3.6　中成药

具清热解毒作用的人工牛黄可与西药成分组方制成复方制剂,如速效伤风胶囊;而其他中药如葛根、金银花、柴胡等多与十几味甚至二十几味中药按一定的处方提制成不同的中成药,如双黄连口服液、小柴胡颗粒等。

5.3.6.1　双黄连口服液

双黄连口服液由金银花、黄芩、连翘三味中药制成。

(1)药效

双黄连口服液具有清热解毒、表里双清、抗病毒、抑菌、提高免疫之功效,可用于外感风热所致感冒(症见发热、咳嗽、咽痛)。

(2)禁忌

服药期间忌同时服用滋补性中药,忌烟、酒及辛辣、生冷、油腻食物。

5.3.6.2　小柴胡颗粒

小柴胡颗粒由柴胡、黄芩、姜半夏、党参、生姜、甘草、大枣按一定比例制成。

(1)药效

小柴胡颗粒具有解表散热、疏肝和胃的功效,用于外感病、邪犯少阳证,症见寒热往来、胸胁苦满、食欲缺乏、心烦喜呕、口苦咽干。

(2)禁忌

服药期间忌同时服用滋补性中药,忌烟、酒及辛辣、生冷、油腻食物。

5.4　抗菌药

抗菌药是指对细菌有杀灭或抑制作用,用以治疗或预防细菌引起的感染的药物,根据来源可分为抗生素和其他人工合成抗菌药物。抗生素是指由微生物(包括细菌、真菌、放线菌属)或高等动植物在生活过程中所产生的具有抗病原体或其他活性的次级代谢产物,能干扰其他生活细胞发育功能的化学物质。

按照化学结构,抗菌药主要可以分为β-内酰胺类抗生素、大环内酯类抗生素、氨基糖苷类抗生素和喹诺酮类合成抗菌药物。

5.4.1　β-内酰胺类抗生素

β-内酰胺类抗生素是指化学结构中含β-内酰胺环的一大类抗生素,包括临床最常用的青霉素、头孢菌素,以及头霉素类、硫霉素类、单环β-内酰胺类等非典型β-内酰胺类抗生素。β-内酰胺类抗生素具有杀菌活性强、毒性低、适应证广及临床疗效好等优点,是现有抗生素中使用最广泛的一类。

5.4.1.1　青霉素类抗生素

青霉素(penicillin)又被称为青霉素
G、盘尼西林。青霉素类抗生素(图 5-10)
是指分子中含有青霉烷,能破坏细菌的细
胞壁,在细菌细胞的繁殖期起杀菌作用的
一类抗生素,包括青霉素 G、青霉素 V、氨
苄西林、阿莫西林、哌拉西林、甲氧西林等。

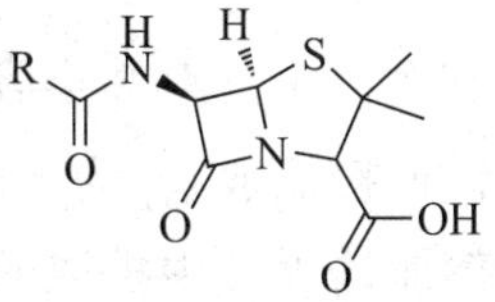

图 5-10　青霉素类抗生素的化学结构

(1)药效

青霉素是治疗革兰氏阳性杆菌、革兰氏阳性球菌(链球菌)及螺旋体感染(梅
毒螺旋体)感染的首选药。其中:溶血性链球菌可引起咽炎、扁桃体炎、猩红热、蜂
窝织炎、化脓性关节炎、败血症等;草绿色链球菌可引起心内膜炎;肺炎球菌可引
起大叶性肺炎、中耳炎等。

(2)注意事项

青霉素不可与同类抗生素、磺胺类药物、四环素类药物联用,不可与氨基苷类
药物混合输液。每次使用前必须做皮试,以防过敏。

5.4.1.2　头孢菌素类抗生素

头孢菌素类抗生素(图 5-11)可破坏细菌的细胞壁,在细菌繁殖期杀菌。头孢
菌素类抗生素对细菌的选择性强,对人几乎没有毒性,具有抗菌谱广、抗菌作用
强、耐青霉素酶、过敏反应较青霉素类少见等优点,临床应用广泛。

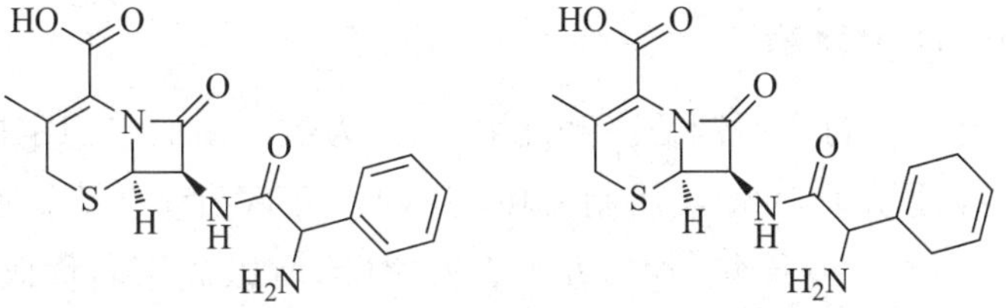

头孢氨苄　　　　　　　　　头孢拉定

图 5-11　头孢菌素类抗生素的化学结构

(1)药效

头孢菌素类抗生素的抗菌谱比青霉素 G 类广,对金黄色葡萄球菌、化脓性链
球菌、肺炎球菌、白喉棒状杆菌、肺炎克雷伯菌、变形杆菌和流感嗜血杆菌等有效,
主要用于耐药金黄色葡萄球菌及一些革兰氏阴性杆菌引起的严重感染,如肺部感
染、尿路感染、败血症、脑膜炎及心内膜炎等。

(2)不良反应

常见皮疹、荨麻疹、药疹和嗜酸性粒细胞增多等,偶见过敏性休克。

5.4.2　氨基苷类抗生素

氨基苷类抗生素由 2 个或 3 个氨基糖分子和 1 个非糖部分即苷元的氨基环醇通过醚键连接而成,分为天然和半合成两大类。天然来源的氨基苷类抗生素包括从链霉菌属培养液中提取的链霉素、卡那霉素、妥布霉素、新霉素和大观霉素等抗生素,以及从小单孢菌属培养液中提取的庆大霉素、西索米星和小诺霉素等抗生素。半合成的氨基苷类抗生素主要有阿米卡星和奈替米星等。

5.4.2.1　链霉素

链霉素是一种从灰色链霉菌培养液中提取的氨基苷类抗生素,属于氨基糖苷碱性化合物。链霉素可通过作用于结核分枝杆菌的核糖体,干扰结核分枝杆菌蛋白质合成,从而杀灭结核分枝杆菌或抑制其生长。

(1)药效

链霉素可用于结核分枝杆菌、布鲁氏菌及非溶血性链球菌引起的感染性心内膜炎、鼠疫与兔热病,以及流感嗜血杆菌、革兰氏阴性杆菌感染的治疗,也可用于严重布鲁氏菌病和鼻疽的治疗(常与四环素或氯霉素合用)。链霉素多与其他抗结核药合用,作为结核病的二线药物。

(2)不良反应与禁忌

服用链霉素会出现排尿次数减少或尿量减少、食欲减退、口渴等肾毒性症状,少数可产生血液中尿素氮及肌酐值增高;可能有步态不稳、眩晕等症状,出现听力减退、耳鸣、耳部饱满感。对链霉素或其他氨基糖苷类药物过敏者禁用。

5.4.2.2　庆大霉素

庆大霉素是中国自主研制的广谱抗生素,是为数不多的热稳定抗生素。庆大霉素由王岳教授团队于 1966 年研制成功,于 1969 年底批量生产。因为其批量生产时正值新中国成立 20 周年、党的九大召开之际,所以通用名称取"庆大霉素",有庆祝"九大"和庆祝工人阶级伟大之意。

(1)药效

庆大霉素可用于治疗敏感菌引起的脓毒血症、败血症、呼吸道感染、腹膜炎、胆道感染、泌尿生殖系统感染、皮肤及软组织感染、烧伤感染、结肠手术后感染、急性化脓性脑膜炎和脑室炎等。

(2)不良反应与禁忌

庆大霉素可引起腿部抽搐、皮疹、发热、全身痉挛、肾功能减退、听力减退、耳鸣或耳部饱满感、血尿、排尿次数显著减少或尿量减少、食欲减退、极度口渴、步态不稳、眩晕,偶有呼吸困难、嗜睡、极度软弱无力等症状。对庆大霉素或其他氨基糖苷类药物过敏者和孕妇禁用。

5.4.3　大环内酯类抗生素

大环内酯类抗生素因分子中含有一个 14～16 元大环内酯结构而得名。大环内酯类抗生素有螺旋霉素、红霉素、琥乙红霉素、地红霉素、罗红霉素、乙酰螺旋霉素、阿奇霉素、麦迪霉素、麦白霉素、交沙霉素和竹桃霉素等。其中，红霉素是大环内酯类抗生素最典型的代表。

5.4.3.1　红霉素

红霉素是从红色链霉菌培养液中提取的一种大环内酯类抗生素。对革兰氏阳性菌，如葡萄球菌、化脓性链球菌、草绿色链球菌、肺炎球菌、粪肠球菌、溶血性链球菌、梭状芽孢杆菌、白喉棒状杆菌、炭疽杆菌等，有较强的抑制作用。

（1）药效

红霉素可用于溶血性链球菌、肺炎球菌等所致的急性扁桃体炎、急性咽炎、鼻窦炎、猩红热、蜂窝织炎、支原体肺炎、衣原体肺炎、气性坏疽、炭疽、破伤风、白喉（辅助治疗）、沙眼等疾病的治疗。

（2）不良反应与禁忌

用药后可出现腹泻、恶心、呕吐、中上腹痛、食欲减退等胃肠道症状，以及乏力、黄疸及肝功能异常等肝毒性症状。对大环内酯类药物过敏者禁用，孕妇和哺乳期妇女慎用。

5.4.3.2　乙酰螺旋霉素

乙酰螺旋霉素是从生二素链霉菌培养液中提取的一种大环内酯类抗生素，对金黄色葡萄球菌、溶血性链球菌、肺炎球菌、白喉棒状杆菌、炭疽杆菌和梭菌属等有较强的抗菌活性，对李斯特菌属、卡他莫拉菌、淋球菌、胎儿弯曲菌、流感嗜血杆菌、百日咳鲍特菌、拟杆菌属、产气荚膜梭菌、痤疮丙酸杆菌和消化链球菌，以及支原体、衣原体、梅毒螺旋体、弓形体、隐孢子虫等，也有较强的抑制作用。

（1）药效

乙酰螺旋霉素可用于治疗敏感葡萄球菌、链球菌属引起的轻中度感染，如咽炎、扁桃体炎、鼻窦炎、中耳炎、牙周炎、急性支气管炎、慢性支气管炎急性发作、肺炎、非淋菌性尿道炎、皮肤及软组织感染，亦可用于治疗隐孢子虫病，或作为治疗孕妇弓形体病的选用药物。

（2）不良反应与禁忌

乙酰螺旋霉素的不良反应主要为腹痛、恶心、呕吐等胃肠道反应，程度大多轻微，停药后可自行消失。对乙酰螺旋霉素、红霉素及其他大环内酯类药物过敏者禁用，孕妇和哺乳期妇女慎用。

5.4.4 喹诺酮类药物

喹诺酮类抗生素为人工合成的抗菌药。其中,最早应用的喹诺酮类药物有萘啶酸(第一代)和吡哌酸(第二代),用于治疗尿路感染和肠道感染,因疗效差、耐药性建立迅速,应用日趋减少。引入氟原子后得到的第三代喹诺酮类药物,如诺氟沙星、环丙沙星、氧氟沙星等,具有广谱、口服有效、副作用较少、耐药性累积慢等优点,发展迅速,被广泛应用于临床。

5.4.4.1 诺氟沙星

诺氟沙星(图 5-12)对革兰氏阴性菌(包括铜绿假单胞菌、大肠杆菌、奇异变形杆菌、肺炎克雷伯菌等)均有较强抑制作用,抑菌浓度低于其他抗菌药物,对金黄色葡萄球菌的作用强于庆大霉素,可用于治疗多种感染。

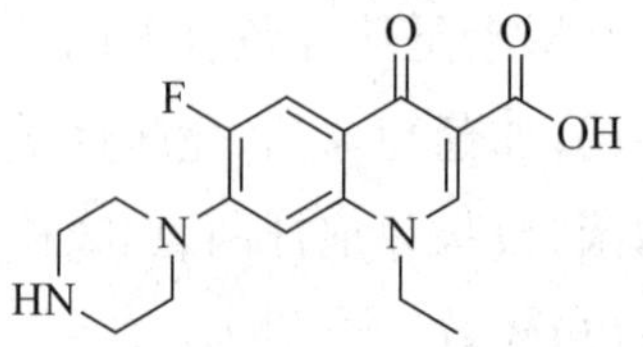

图 5-12　诺氟沙星的结构式

(1)药效

诺氟沙星适用于敏感细菌引起的肾盂肾炎、膀胱炎、前列腺炎、细菌性痢疾、胆囊炎、伤寒、产前产后感染、盆腔炎、中耳炎、鼻窦炎、急性扁桃体炎、皮肤及软组织感染等,也可作为腹腔手术的预防用药。

(2)不良反应与禁忌

诺氟沙星的不良反应主要表现为腹部不适或疼痛、腹泻、恶心或呕吐,可能有头昏、头痛、嗜睡或失眠症状,也可能出现皮疹、皮肤瘙痒等症状。对氟喹诺酮类药物过敏者禁用。

5.4.4.2 环丙沙星

环丙沙星为合成的第三代喹诺酮类药物,具广谱抗菌活性,杀菌效果好,对几乎所有细菌的抗菌活性均较诺氟沙星及依诺沙星强 2～4 倍。

(1)药效

环丙沙星对肠杆菌、铜绿假单胞菌、流感嗜血杆菌、淋球菌、链球菌、军团菌、金黄色葡萄球菌有抗菌作用,常用于呼吸道感染、尿路感染、肠道感染、胆道感染、腹腔感染、妇科炎症、骨关节感染及全身严重感染等的治疗。

(2)不良反应与禁忌

服用环丙沙星可引起轻度胃肠道刺激或不适,恶心、胃灼热、食欲缺乏,有轻度神经系统反应,如眩晕、嗜睡、头痛、不安,也可能出现皮疹、搔痒、皮肤潮红、结膜充血等症状。对喹诺酮类药物过敏者禁用,孕妇和哺乳期妇女慎用。

5.4.5　抗菌药使用注意事项

抗菌药的发现与应用开创了人类对抗感染性疾病的新纪元。但随着抗菌药在临床上的广泛使用,细菌很快便出现了耐药性,不仅使抗菌药的使用出现了危机,而且"超级耐药菌"的出现使人类的健康又一次受到了严重的威胁。所以在使用抗菌药时要注意以下几点。

(1)对症用药

①根据病原菌的种类、感染性疾病的临床症状和药物的抗菌谱来选择合适的抗菌药。

②根据抗菌药在感染部位的浓度高低、维持时间等选用药物。

③根据患者的生理、病理和免疫状况来选药。孕妇和哺乳期妇女要避免应用可能导致胎儿畸形或影响新生儿发育的药物。

(2)合适的剂量和疗程

抗菌药物应用的剂量与给药次数要适当,疗程要适当。剂量过小或疗程过短不仅会影响疗效,还可能使细菌产生耐药性。剂量过大或者疗程过长不但会造成浪费,还易引起不良反应。

(3)预防性用药

虽然抗菌药的预防性应用约占抗菌药总使用量的 40%,但实际上有应用价值的仅占少数,所以要严格控制预防性抗菌药的应用。

(4)联合应用

联合用药的目的是提高疾病治疗效果,降低细菌耐药性,同时减少不良反应,扩大抗菌范围。具体使用方式和用法、用量应遵医嘱。

▼ 阅读材料 ▶

抗菌药的发展简史

1928 年,弗莱明爵士发现了能杀死致命细菌的青霉菌,并将其产生的物质命名为青霉素。青霉素可用于治疗梅毒和淋病,而且在当时没有发现任何明显的副作用。

1936 年,磺胺的临床应用开创了现代抗微生物化疗的新纪元。

1944 年,新泽西州大学分离出第二种抗生素——链霉素,有效治愈了另一种可怕的传染病——结核病。

1947 年,氯霉素出现。氯霉素主要针对志贺菌、炭疽杆菌,可用于治疗轻度感染。

1948 年,四环素出现。四环素是最早的广谱抗生素。在当时看来,它能够在还未确诊的情况下被有效地使用。目前,四环素基本上只用于家畜饲养。

1956 年,万古霉素出现。万古霉素被称为抗生素的最后武器,因为它有三重杀菌机制,可分别作用于革兰氏阳性菌的细胞壁、细胞膜和 RNA,不易诱导细菌对其产生耐药。

19 世纪 80 年代,喹诺酮类药物出现。和其他抗菌药不同,喹诺酮类药物能破坏细菌染色体,不受基因交换导致的耐药性的影响。

屠呦呦和青蒿素

1. 屠呦呦简介

屠呦呦,药学家,中国中医科学院首席科学家、青蒿素研究开发中心主任,共和国勋章获得者。

1930 年 12 月 30 日,屠呦呦出生于浙江省宁波市,是家里 5 个孩子中唯一的女孩。"呦呦鹿鸣,食野之蒿",《诗经·小雅》的名句寄托了父母对她的美好期待。

1951 年,屠呦呦考入北京医学院药学系。

1955 年,屠呦呦毕业,被分配到卫生部中医研究院(今中国中医科学院)中药研究所工作。

1956 年,全国掀起防治血吸虫病的高潮。为缓解血吸虫病患者的痛苦,她先后对有效药物半边莲和银柴胡进行了生药学研究。这两项成果被相继收入《中药志》。

1959—1962 年,屠呦呦参加卫生部全国第三期西医离职学习中医班,系统地学习了中医药知识,成为《中药炮制经验集成》的主要编者之一。

1972 年,屠呦呦团队成功提取出分子式为 $C_{15}H_{22}O_5$ 的无色结晶体(后被命名为青蒿素)。

2011 年 9 月,屠呦呦因其发现的青蒿素用于治疗疟疾,成功挽救全球特别是发展中国家数百万人的生命,获得拉斯克医学奖和葛兰素史克中国研发中心"生命科学杰出成就奖"。

2015 年 10 月,屠呦呦因发现青蒿素、有效降低疟疾患者的死亡率,获得诺贝尔生理学或医学奖。屠呦呦由此成为第一位获得诺贝尔科学奖项的中国本土科学家、第一位获得诺贝尔生理学或医学奖的华人科学家。

2017 年 1 月 9 日,屠呦呦获 2016 年国家最高科学技术奖。

2018 年 12 月 18 日,党中央、国务院授予屠呦呦同志改革先锋称号,颁授改革先锋奖章。

2. 青蒿素的发现及发展历程

1969 年,中国中医研究院接受抗疟药研究任务,屠呦呦任科技组组长。

1969 年 1 月起,屠呦呦领导课题组从系统收集整理历代医药典籍、民间方药入手,根据收集到的 2000 余方药编写了以 640 种药物为主的《抗疟单验方集》,对其中的 200 多种中药开展实验研究。后从晋代葛洪所著《肘后备急方》治寒热诸疟方第十六的"青蒿一握,以水二升渍,绞取汁,尽服之"中获得启发,利用现代医学和方法进行分析研究,不断改进提取方法,终于在 1971 年得到具有抗疟活性的青蒿乙醚提取物。

1972 年 3 月,屠呦呦在南京召开的"523"项目工作会议上报告了青蒿乙醚提取物的抗疟实验结果。同年,屠呦呦和她的同事在青蒿中提取到了一种分子式为 $C_{15}H_{22}O_5$ 的无色结晶体,一种熔点为 156～157 ℃的活性成分,代号为"结晶Ⅱ",后改称为"青蒿素Ⅱ",有时也称为"青蒿素"。青蒿素具有高效、速效、低毒的优点,对各型疟疾特别是抗性疟有特效。

1973 年,为确证青蒿素结构中的羰基,屠呦呦合成了双氢青蒿素(后被证明效价比青蒿素高 1 倍)。构效关系研究表明,青蒿素结构中过氧基是主要抗疟活性基团。在保留过氧基的前提下,将羰基还原为羟基可以增效。此为国内外开展青蒿素衍生物研究打开局面。

1977 年 3 月,以"青蒿素结构研究协作组"名义撰写的论文《一种新型的倍半萜内酯——青蒿素》发表于《科学通报》(1977 年第 3 期)。

1978 年,"523"项目的科研成果鉴定会最终认定青蒿素研制成功,并按中药用药习惯将中药青蒿抗疟成分定名为青蒿素。

1981 年 10 月,北京召开的国际青蒿素会议上,屠呦呦以首席发言人的身份所作的报告《青蒿素的化学研究》获得高度评价:青蒿素的发现不仅增加了一个抗疟新药,更重要的意义在于这一新化合物的独特化学结构将为合成设计新药指明方向。

1986 年,青蒿素获得一类新药证书(86 卫药证字 X-01 号)。

1992 年,双氢青蒿素及其片剂获一类新药证书(92 卫药证字 X-66 号和 92 卫药证字 X-67 号)。

2003 年,双氢青蒿素栓剂、青蒿素制成的口服片剂获得新药证书,分别为国药证字 H20030341 和国药证字 H20030144。

2009 年,屠呦呦编著的《青蒿及青蒿素类药物》出版。

2016 年 1 月,继抗疟研究之后,青蒿素用于治疗新适应证——红斑狼疮的临床试验审批有了巨大进展。昆药集团从 2016 年开始与屠呦呦合作研究双氢青蒿素治疗红斑狼疮项目(目前处于临床二期)。

2016 年 6 月 21 日,中国青蒿素产业联盟在上海交通大学成立。

2018 年 12 月 20 日,青蒿素科技联盟在北京成立。

2019 年 8 月 29 日,中国中医科学院青蒿素研究中心在北京大兴奠基。

第6章 皮肤用化妆品

化妆是指运用化妆品和工具,采取合乎规则的步骤和技巧,对人体的面部及其他部位进行渲染、描画、整理,调整形色,掩饰缺陷,表现神采,从而达到美化视觉感受的目的。

6.1 化妆的起源和发展

爱美是人类的天性。早在原始社会,人类就开始使用一些特别的东西来装饰自己。考古学家曾在原始人类的遗址发现用小石子、贝壳或兽牙等物件制成的美丽串珠,还曾在洞穴壁画上发现人类祖先美容化妆的痕迹。

(1)夏商周时期

女性化妆的习俗在夏商周时期便已经兴起。早在商周时期,甲骨文中就出现了"沐"字。《说文解字》注释:沐,洗面也。殷商时,为配合化妆时观看容颜的需要,人们发明了铜镜。商后期,人们开始用燕地红兰花捣汁凝成胭脂,广泛使用锌粉擦脸。据说,画眉之风起于战国。在还没有特定的画眉材料之前,女性将柳枝烧焦后涂在眉毛上。东周春秋战国之际,化妆才在平民女性中逐渐流行。

(2)秦汉时期

秦汉时期,化妆的习俗得到新的发展。无论是贵族还是平民阶层,女性都比较注重自身的容颜装饰。那时的妆型已出现了不同样式,而化妆品也丰富了很多。

(3)魏晋南北朝时期

魏晋南北朝时期,各民族经济文化交流融会,世俗习风由质朴洒脱向萎靡绮丽转变,我国女性的化妆技巧在此时期逐渐成熟,呈现多样化趋势。整体而言,女性的面部装扮在色彩运用方面比以前更加大胆,妆容变化也很大。

这一时期,女性的发型以各种髻为主,如百花髻、富荣归云髻,富人家的女性还会插戴金、玉、玳瑁、珍宝等制成的簪钗。这一时期流行的面妆主要有酒晕妆、桃花妆、飞霞妆,还有一种特殊妆式称为"紫妆"。

(4)隋唐五代时期

隋朝女性的妆容比较朴素。唐朝国势强盛,经济繁荣,女性追求时髦。唐朝的审美文化具有开放性与包容性。开放式的化妆风格正是这种审美趋向的重要组成部分。上妆的顺序是先敷铅粉、涂胭脂,接着画眉毛、贴花钿。有些人还会点面靥、描斜红、画唇形、涂唇脂。

这一时期,人们开始用烟墨画眉。盛唐流行宽且弯曲的桂叶双眉(八字眉)和点红唇。开元盛世时,假发开始流行。

唐末五代还有一种特殊的妆容——三白妆。这一时期的美容特点是初步形成独立的流派。

(5)宋辽金元时期

宋朝《圣济总录》强调,"驻颜色,当以益血气为先。倘不知此,徒区区于膏面染髭之术,去道远矣",明确反对只注重涂脂抹粉,不求根本的做法。所以女性的妆容属于清新、雅致、自然的类型,不过擦白抹红还是脸部装扮的基本元素。因此,红妆仍是宋代女性在化妆方法中不可缺少的一部分。

这一时期,贵族女性常在额前、眉间、两颊都贴上小珍珠做装饰。贵族女性中流行高髻,而平民中流行低髻,饰品中开始流行花冠,头上扎巾也逐渐形成风俗。在此期间,还出现了一种新的画眉的工具——篦。手和趾的妆饰也逐渐兴起,用凤仙花涂指甲可视为美甲业的开端。

(6)明清时期

明朝是中国传统美容的一个鼎盛时期。这一时期,女性普遍喜欢扁圆形的发型。假发制作越来越精良,很多是用银丝、金丝、马尾、纱制成。头饰有头花、钗、冠等。纤细而略微弯曲的眉毛、细长的眼睛、薄薄的嘴唇、素白明净的脸是当时的审美主流。

清朝满族多为"二把头",后发展成一种类似牌头的高大的固定装饰物。此类装饰物一般用绸缎等材料制成,其上装饰花朵、珠、钗等。

(7)民国时期

这一时期,香粉是各阶层女性化妆品的首选。人们喜欢香水、旋转式口红,画有层次感且线条柔和的眉毛、强调立体感的深色眼影,且特别喜爱上唇饱满、下唇线条明显的唇形。

知识链接 | 与化妆相关的古诗词

《陌上桑》:头上倭堕髻,耳中明月珠。缃绮为下裙,紫绮为上襦。

《木兰辞》:当窗理云鬓,对镜帖花黄。

《孔雀东南飞》:足下蹑丝履,头上玳瑁光。腰若流纨素,耳著明月珰。指如削葱根,口如含朱丹。

温庭筠《菩萨蛮》:小山重叠金明灭,鬓云欲度香腮雪。懒起画蛾眉,弄妆梳洗迟。照花前后镜,花面交相映。新帖绣罗襦,双双金鹧鸪。

杜甫《新婚别》:自嗟贫家女,久致罗襦裳。罗襦不复施,对君洗红妆。

6.2　化妆品概述

根据国家质量监督检验检疫总局发布的《化妆品标识管理规定》,化妆品是指以涂抹、喷、洒或者其他类似方法,施于人体(皮肤、毛发、指趾甲、口唇齿等),以达到清洁、保养、美化、修饰和改变外观,或者修正人体气味,保持良好状态为目的的产品。

6.2.1　化妆品的发展历程与发展方向

(1)化妆品的发展历程
第一代是动植物或矿物来源的不经过化学处理的各类油脂。

第二代是以油和水乳化技术为基础的化妆品。

第三代是添加各类动植物萃取成分的化妆品。

第四代是仿生化妆品,即采用生物技术制造与人体自身结构相仿且具有高亲和力的生物精华物质,并将其复配到化妆品中,以补充、修复和调整细胞因子,发挥抗衰老、修复受损皮肤等功效。

(2)化妆品的发展方向
化妆品的开发和研制中已越来越多、越来越广泛地应用现代高新技术。化妆品的生产已经超脱了日用化工范畴,它以精细化工为背景,以制药工艺为基础,融合了医学、生物工程学和生命科学等学科,正逐步发展成一个应用多学科的高技术产业。安全性、功能性、天然性、环保性是化妆品未来发展的几个重要方向。

6.2.2　化妆品的市场和发展状况

(1)世界化妆品市场
2018 年,全球美容及个护市场规模达 4880 亿美元,同比增长 4.12%。其中:美国占近 40%,其主要生产厂家有宝洁、强生、雅诗兰黛、雅芳、露华浓等;欧洲占38%,其主要生产厂家有欧莱雅、迪奥、香奈儿、汉高等;日本约占 17%,其主要生产厂家有资生堂、花王、佳丽宝、高丝、狮王等。

(2)国内现代化妆品发展状况
我国化妆品最早在 1830 年出现规模生产,最有影响的三个品牌分别是:扬州的谢馥春(1830 年)、杭州的孔凤春(1862 年)、香港的广生行(1898 年,上海家化前身)。广生行堪称中国本土化妆品的先驱,是中国化妆品发展的历史见证。其传递的世界现代经济和流行时尚信息引领了国内美容业潮流。当时,以"双妹唛"为商标的护肤品最为经典,曾经红遍 20 世纪二三十年代的上海滩。

改革开放后,随着经济发展,人民生活水平逐步提高,我国的化妆品市场得到了长足发展。1981 年,德国威娜最先进入我国。20 世纪 80 年代后,我国化妆品出现了一个发展高峰期,产生了几个较有影响力的生产厂家:上海家化、重庆奥妮、广州丝宝、上海百雀羚。

(3)国内现代化妆品产能及分布

1980 年,全国有 20 家化妆品工厂,国内产值为 3000 万,1985 年国内产值 10 亿,1992 年国内产值为 80 亿,1997 年国内产值为 253 亿。目前,国内有近 5000 家化妆品工厂,2018 年已突破产值 2000 亿元。国内现代化妆品产能主要分布于北京、上海、浙江、天津、江苏、辽宁和广东等地区。

6.2.3　化妆品的分类

(1)按使用目的分类

①清洁用化妆品:香皂、洗发水、沐浴液、洗面奶、洁肤乳、磨面膏等。

②基础化妆品:膏、霜、蜜、脂、粉、露、乳、水、面膜等。

③美容化妆品:腮红、唇膏、粉饼、唇线笔、眉笔、眼线笔等。

④香化用化妆品:香水、古龙水、花露水等。

⑤护发、美发用化妆品:发油、发乳、护发水、洗发剂、洗发水、烫发剂、染发剂等。

(2)按使用部位分类

按使用部位,化妆品可分为皮肤用化妆品、头发用化妆品、指甲用化妆品和口腔用化妆品等。

除了以上分类方法,化妆品还可以按产品形态、原料来源等进行分类。

6.2.4　化妆品的作用

①清洁作用:祛除皮肤、毛发、口腔和牙齿表面的污垢。

②保护作用:保护皮肤及毛发,使其滋润、柔软、光滑、富有弹性,以抵御寒风、烈日、紫外线辐射等的伤害,防止皮肤皲裂、毛发枯断。

③营养作用:补充营养,增强组织活力,保持皮肤角质层的含水量,减少皮肤皱纹,减缓皮肤衰老,促进毛发生理机能,防止脱发。

④美化作用:美化皮肤、毛发、眼睛、口唇等,使散发香气,赋予魅力。

⑤防治作用:预防皮肤及毛发、口腔和牙齿等部位影响外表或功能的生理病理现象,或辅助治疗相关疾病。

6.3 基础化妆品

6.3.1 化妆品与皮肤学

(1)皮肤的结构

皮肤的结构如图 6-1 所示,其最外层为角质层。角质层主要由含水量较低、略呈酸性的死细胞组成。角质层的主要蛋白质是角蛋白。为保持角质层的湿度,防止其变干,减缓其脱落速度,需要在皮肤上涂抹润滑剂。

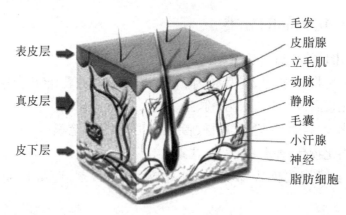

图 6-1 皮肤结构示意图

表皮层、真皮层、皮下层

毛发、皮脂腺、立毛肌、动脉、静脉、毛囊、小汗腺、神经、脂肪细胞

(2)皮肤的功能

皮肤起保护作用,能调节体温,提供知觉,渗透和吸收外界物质,且具有一定的分泌和排泄作用。

(3)皮肤表面的 pH

正常人皮肤表面呈弱酸性,pH 一般为 4.5~6.5,平均为 5.75。受遗传因素、生存条件、性别、年龄、季节等因素的影响,不同人皮肤表面的 pH 略有差异:女性高于男性,婴儿高于成人。

(4)皮肤的类型

①油性皮肤:皮脂分泌旺盛,毛孔粗大,皮肤黏滑,易有黑头和粉刺。

②中性皮肤:皮肤毛孔细小,皮脂分泌量适中,皮肤平滑健康,富有弹性。

③干性皮肤:毛孔不明显,皮脂分泌量少,皮肤无光泽,紧绷而缺乏弹性。

④混合性皮肤:兼有油性皮肤和干性皮肤的特征,面部"T"字区(前额、鼻、口周)呈油性皮肤状态,眼部及两颊呈干性皮肤状态。80%的女性都是混合性皮肤。

(5)皮肤的老化

过了成熟期后,肌肉逐渐开始萎缩,皮肤弹性纤维变粗;40~50 岁时,表皮逐渐变薄,弹性纤维偶有断裂,皮下脂肪减少,水分含量开始降低,出现血液循环减慢等现象。这种现象称为皮肤的老化。

皮肤老化与年龄、遗传、日光照射、化学物质、内分泌、营养及精神等因素有关。因此,预防皮肤老化可从以下几个方面着手:a. 预防各种疾病,确保皮肤健康。b. 保持精神愉悦。c. 加强劳动保护,避免有害物质和有害环境的伤害。d. 科学合理使用化妆品和营养品。

6.3.2　化妆品原料

(1)基质原料

化妆品的基质原料是指构成化妆品基体的物质,在化妆品中用量大,因此要求价格相对低廉。

①油脂:在化妆品中构成油相主体,有滋润皮肤及润滑作用,分为动物性油脂、植物性油脂和矿物性油脂。常用的动物性油脂有羊毛脂、貂油、蛋黄油、鲸油、卵磷脂和角鲨烷等。皮肤对动物性油脂的吸收效果好。常用的植物性油脂有蓖麻油、棕榈油、杏仁油和橄榄油等。皮肤对植物性油脂吸收效果较好。常用的矿物性油脂有石蜡、白油和凡士林等。矿物性油脂有良好的溶解性,但皮肤吸收效果较差。

②蜡类:主要是指动、植物蜡,熔点较高,在化妆品中作为油相成分,具赋型、润滑、提高熔点及提供光泽作用。常用蜡类有蜂蜡、巴西棕榈蜡、鲸蜡等。

③高级脂肪酸:硬脂酸、棕榈酸、月桂酸和肉豆蔻酸等。高级脂肪酸的盐为乳化剂,具赋型作用。

④高碳醇:在化妆品中作为乳化增稠剂和乳化稳定剂,常用的有十六醇和十八醇等。

⑤多元醇:在化妆品中作为保湿剂,常用的有甘油、季戊四醇和山梨醇等。

⑥粉体:常用的有滑石粉、高岭土、碳酸钙、二氧化钛和氧化锌等。

(2)辅助原料

①色素:化妆品中所用色素分为有机合成色素、无机色素和天然色素三大类。

②香精:由各种香料按一定比例混合而成,具有特定香型。香精在各种不同化妆品中的使用量(赋香率)是有差异的。

③防腐剂:用于抑制微生物生长,确保化妆品的安全。化妆品中的微生物污染会影响产品的品质,使使用者受到伤害。

(3)生化药物添加剂

随着生物技术的发展,一些生物活性物质被加入化妆品中,以达到某种特殊效果。目前,常用的生化药物添加剂主要有以下几种。

①水解蛋白：易被皮肤吸收，对去除细小皱纹、减退色素斑、保护皮肤水分和弹性有独特效果。

②胶原蛋白：具高保湿性、营养性，能促进皮肤表皮细胞生长，对治疗手足皮肤干燥、皲裂有良好效果。

③弹性蛋白：有保持皮肤水分和弹性、减退色素的作用，能提高毛发的柔韧度和强度，减少分叉。

④丝素蛋白：由天然蚕丝水解加工而成，含有人体必需的 8 种氨基酸。丝素蛋白是一种天然的保湿因子，能抑制黑色素产生，促进皮肤组织再生，防止皲裂和化学伤害，同时具有护发美发功能。

⑤金属硫蛋白：具生物活性的低分子量蛋白质，易被吸收，具有抗衰老、抗辐射、抗炎症、减轻色素斑的作用，是一种效果极佳的防衰老、美白、防晒添加剂。

⑥初乳活性营养因子：以健康奶牛的初乳为原料，经生物化学方法加工得到，内含各种生长因子、具有抗体作用的分泌免疫球蛋白及其他蛋白质、氨基酸、微量元素和维生素等。初乳活性营养因子能促进皮肤细胞透明质酸的合成、吸收和利用，提高皮肤细胞的修复能力，减少和除去皱纹，增强皮肤弹性，增强皮肤细胞的免疫力，具有营养、美容、免疫、抗病毒的作用。

⑦表皮营养因子：通过细胞工程从人胚胎皮肤细胞中得到的复合类脂，主要成分为磷脂、固醇脂、不饱和脂肪酸和细胞间脂质，具有营养、滋润、保护皮肤的作用。

⑧表皮润泽因子：具有保湿、保水、营养、增白、防晒、抗皱、防衰老等作用，以及促进皮肤细胞新陈代谢等特殊功能。

⑨表皮生长因子：多肽类物质，有防止皮肤老化、去除皮肤皱纹、预防粉刺暗疮及皮癣等作用，同时还有防止头发干涩枯萎的作用。

⑩超氧化物歧化酶：酶活性蛋白质，有抗氧化、消除体内自由基的作用，有利于延缓皮肤衰老、抗氧化、祛色斑。

6.3.3　几类常用护肤品

(1)雪花膏

硬脂酸是制造雪花膏的主要原料，其中一部分与碱中和成皂作为乳化剂，其余部分与水、保湿剂在乳化剂作用下形成水包油型乳化体。雪花膏是半固体膏状化妆品，白似雪花，涂在皮肤上遇热融化，像雪花一样消失，故得名雪花膏。雪花膏能在皮肤上形成油型薄膜，防止皮肤干燥、皲裂，也可以作为基料，添加粉质、药物、营养物质，制作不同品种的雪花膏。

(2)润肤霜

润肤霜的主要原料有硬脂酸、单硬脂酸甘油脂、蜂蜡、十八烷醇、羊毛脂、白油、甘油、三乙醇胺、水、香精和防腐剂等。润肤霜的主要作用是滋润皮肤,使皮肤平滑而有弹性。擦抹后,随着水分逐渐蒸发,润肤霜在皮肤表面留下一层薄膜,使皮肤表面保持相当的润湿程度,防止皮肤干燥开裂。由于甘油具有吸湿性能,能减缓皮肤水分蒸发,使皮肤表面保持滋润、滑爽,所以一年四季皆可使用润肤霜。

(3)润肤油

润肤油含有天然油性成分,滋润皮肤的效果显著,能迅速渗透皮肤,保持皮肤润滑,防止干裂,并能有效去除坏死的皮肤层和污垢。

(4)润肤脂

润肤脂也称护肤脂、香脂,为油包水型的乳剂,是保护和滋润皮肤的油性护肤品,能防止皮肤干燥与冻裂。润肤脂含有较多油脂成分,擦用后乳剂中的水分逐渐蒸发,在皮肤上留下一层油脂薄膜,能阻隔皮肤表面与外界干燥、寒冷的空气相接触,保持皮肤的水分,具有滋润皮肤的作用,适合冬季和干性皮肤者使用。

(5)润肤水

润肤水是一类可使皮肤柔软,保持皮肤滋润、光滑的液状化妆品,主要有收敛润肤水、营养润肤水、须后润肤水等类型。润肤水的主要原料是滋润剂(如沙棘油、角鲨烷、霍霍巴油、羊毛脂等)和保湿成分(如甘油、丙二醇、丁二醇、山梨醇等),以及少量表面活性剂、天然胶质和水溶性高分子化合物等。

6.4　防晒化妆品

防晒化妆品是指遮挡太阳光线中 UVA 和 UVB 两个波段的紫外线,以保护皮肤、避免紫外线引起的不良反应为目的一种化妆品。

6.4.1　紫外线及其分类

紫外线是波长为 10~400 nm 的电磁波。紫外线照射会让皮肤产生大量自由基,引发过氧化反应,使黑色素细胞产生更多的黑色素,分布于表皮角质层,造成黑色斑点。可以说,紫外线是造成皮肤皱纹、老化、松弛及晒斑的最大元凶。

除极紫外线(10~100 nm)外,紫外线按照波长可分为 UVA、UVB 和 UVC 三类(图 6-2)。

(1)UVA(315~400 nm)

UVA 全天都有,波长较长,穿透力很强,可直达皮肤的真皮层。UVA 的作用缓慢持久,不会引起皮肤急性炎症,但可长期积累,是导致皮肤老化的原因之一。UVA 会严重破坏真皮的胶原纤维与弹性纤维,使皮肤缺水、老化、丧失弹性。在日常生活中,人最容易接触的紫外线便是 UVA,所以它又被称为"生活紫外线"。

(2)UVB(280～315 nm)

UVB 不能穿透表皮,但长久照射皮肤会出现红斑、炎症、老化,严重者可引起皮肤晒伤。UVB 辐射最强的时段是 10:00—14:00。海边、草地等阳光折射率强的地方 UVB 辐射更强,所以 UVB 又被称为"休闲紫外线"。

(3)UVC(100～280 nm)

UVC 为短波紫外线,经过地球表面平流层时被臭氧层吸收,通常不能到达地球表面。如到达地面(通过臭氧层空洞),将对人体产生很大伤害(导致皮肤癌患者增加)。

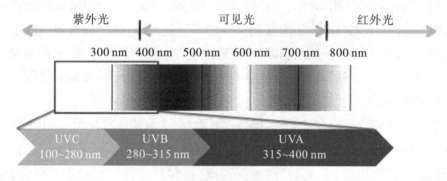

图 6-2　紫外线波长图

6.4.2　防晒效果评价

(1)SPF

通常用防晒系数(sun protection factor,SPF)来评价防晒化妆品的防晒效果。SPF 也称为防晒倍数,用于计算防晒化妆品能在多长时间里保护皮肤不被紫外线晒伤。SPF 数值越大,防晒化妆品防止 UVB 晒伤的能力越强。SPF 的计算公式如下:

$$SPF = \frac{使用防晒制品时的 MED}{未使用防晒制品时的 MED}$$

MED(minimal erythema dose)为最小红斑量,即皮肤出现肉眼可见红斑反应的最小紫外线照射剂量,通常用产生红斑的时间来衡量。假设某人皮肤的最小红斑量为 15 min,那么使用 SPF 为 4 的防晒霜后,理论上他在阳光下逗留 4 倍时间(60 min),皮肤才会呈现微红;若选用 SPF 为 8 的防晒霜,则可在太阳下逗留 8 倍时间(120 min)。

(2)PA

防晒化妆品的防晒效果还可以用 PA(protection grade of UVA)来评价。PA 指的是,与没有涂抹防晒产品相比,涂抹防晒产品后皮肤晒黑所需时间能延长的倍数。

PA＋表示皮肤晒黑时间可以延长 2～3 倍,表示有效。

PA＋＋表示皮肤晒黑时间可以延长 4～7 倍,表示相当有效。

PA＋＋＋表示皮肤晒黑时间可以延长 8～15 倍,表示非常有效。

6.4.3 防晒剂的分类

防晒化妆品之所以能防晒,是因为这类化妆品中添加了防晒剂。防晒剂是指利用光的吸收、反射或散射作用,保护皮肤免受特定紫外线带来的伤害而添加至化妆品中的物质,可分为无机防晒剂和有机防晒剂。

(1)无机防晒剂

《化妆品安全技术规范》中允许使用的无机防晒剂只有二氧化钛和氧化锌两种物质。无机防晒剂通过在皮肤表面形成覆盖层,将照射到皮肤表面的紫外线反射或散射出去,从而减少进入皮肤的紫外线含量,所以也称为紫外线屏蔽剂。当防晒剂粒径小到纳米级时,其对 UVB 的反射、散射效果更好,与有机紫外线吸收剂配合使用,可极大提高配方的 SPF 值。

(2)有机防晒剂

有机防晒剂是一类对紫外线具有较好吸收作用的有机化合物,也称为紫外线吸收剂。《化妆品安全技术规范》规定可以使用的有 25 种,常用的有以下几种。

①水杨酸乙基己酯:常与其他防晒剂一起用于防晒霜中,添加剂量上限为5%。水杨酸乙基己酯是水杨酸类的衍生物,孕妇和哺乳期妇女须谨慎使用含该成分的产品。

②丁基甲氧基二苯甲醛基甲烷:高效的宽光谱油溶性 UVA 滤光剂(能隔离320～400 nm 的紫外线),长期使用可以有效减少皱纹、色斑、皮肤粗糙等问题。

③对苯二亚甲基二樟脑磺酸及其盐类:水溶性 UVA 吸收剂,具有很强的光稳定性,吸收范围比一般的 UVA 吸收剂广,可与多种 UVB 吸收剂联合使用以获得宽光谱的防晒效果,适用于喷雾类型或水溶性防晒产品。

有机防晒剂防晒效果比无机防晒剂好,但光稳定性和耐晒性较差,容易刺激皮肤,导致皮肤过敏。

6.4.4 防晒化妆品的发展趋势

①高防晒系数的防晒化妆品增加。SPF 小于 10 的防晒化妆品已较少见。

②二氧化钛、氧化锌的纳米化、超细化。在不降低透明度的情况下,提高二氧化钛、氧化锌的 UVA 屏蔽效果将是防晒剂的重要研究方向。

③从植物中提取天然防晒剂也将成为今后研究的重点。

6.4.5 如何选择防晒霜

目前,市场上防晒产品的SPF从6到40不等。SPF越大,防晒时间越长,防晒效果越好;但SPF大的产品往往含有大量物理或化学防晒剂,对皮肤的刺激较强,容易堵塞毛孔,甚至滋生暗疮和粉刺。SPF达到20的产品基本都含有二氧化钛。

(1)根据环境选择

根据工作场所、时间及阳光的强度,选择具有适当防晒效果的产品。

①日常上下班的路上:可能短时间接触阳光,可选用SPF为10~15或标有"PA+"的防晒化妆品。

②参加户外休闲活动(游泳、打球等):可选用SPF为20左右或标有"PA++"的防晒化妆品。

③在高原烈日下活动或去海滩游泳:需要选用SPF大于30的防晒化妆品。

(2)根据肤质选择

①油性皮肤:选择渗透力较强的亲水性防晒化妆品,如露状或啫喱状防晒化妆品。注意:认准外包装上的"Oil Free"(不含油脂)标志,不可选用防晒油。

②干性皮肤:选用质地滋润、具有补水功效和抗氧化作用的霜状防晒化妆品。

③长痘皮肤:如果皮肤较油,易长痘,应选择清爽的乳液状产品、水剂型以及无油配方的防晒霜。注意:发痘严重、有发炎现象时,要暂停使用防晒霜,转而采用遮挡等物理方法防晒。

④敏感性皮肤:选择专门针对敏感性肤质的防晒化妆品,或产品说明中写有"通过过敏性测试"等说明文字的防晒化妆品。

使用新的防晒霜前可先在手腕内侧试用。若测试后10 min内出现皮肤红、肿、痛、痒等情况,说明对该产品有过敏反应。若24 h内没有过敏反应,则可放心使用。

6.5 美容类化妆品

6.5.1 香粉

香粉是指通过吸收皮肤表面的油脂和粉底中过量的油,控制油光,使皮肤表面光滑,呈现自然妆容的化妆品,主要用于面部。香粉一般由滑石粉、高岭土、氧化锌、二氧化钛、香精、色素和树脂粉末等原料制成,有粉状香粉、固体香粉、纸质香粉、膏粉等类型。

香粉类化妆品的要求是无异味、无刺激性、粉质细腻、无粗粒、无硬块,涂于面部后附着力强,覆盖面积大,色泽纯正,敷用后无不舒适的感觉。香粉能够改变脸部皮肤,遮掩黄褐斑、雀斑及其他缺陷,吸收皮肤分泌的油脂,使皮肤具有光滑、细腻的感觉。

6.5.2　唇膏

唇膏是指以油、脂、蜡、色素等为主要成分复配而成的护唇用品,既能美容,又能保护口唇不开裂,使口唇光润。口红是唇膏中最重要的一个品种,其色彩饱和度高,颜色遮盖力强,常用于赋予色彩,强调或改变唇的轮廓,使人显得更有生气或格外娇媚。

6.5.3　胭脂

胭脂也称腮红,涂抹在面颊上可使脸色看上去更红润,使面颊具有立体感,赋予美感与健康感。根据剂型,胭脂可分为液体胭脂、固体胭脂、膏状胭脂、凝胶型胭脂和气雾剂型胭脂。好的胭脂色泽鲜明,质地细柔、滑爽,易于擦抹,具有一定附着力和遮盖力。

6.5.4　指甲油

指甲油能在指甲表面形成一层耐摩擦的薄膜,起到保护、美化指甲的作用。指甲油应易涂,快干,有适当的黏度,不易脱落,成膜均匀,色调一致,干燥后的薄膜没有模糊感或气孔,富有光泽,易被洗甲水除去。

指甲油的主要成分有成膜剂(乙酸纤维素、硝酸纤维素等)、树脂、增塑剂、溶剂、色素和抗沉淀剂等。其中许多成分为易燃物,使用和保管时严禁接触火源。

6.5.5　眼影

眼影是涂于眼睑(眼皮)和眼角,以产生阴影和色彩反差,显出立体美感,使眼睛显得美丽动人的彩妆化妆品。眼影制品的色彩很丰富,有蓝色、青色、绿色、棕色、茶色、褐色和紫色等,其他供调色有黑色、白色、黄色和红色等。按照剂型,眼影可分为固体状眼影和液态-膏状眼影。其中:固体状眼影携带和使用方便;液态-膏状眼影耐水性好较好,妆容持久。常见的膏状眼影主要含有白油、巴西棕榈蜡、无机颜料、二氧化钛等成分。

6.6 香水类化妆品

6.6.1 香水

香水的主要作用是散发出浓郁、持久、芬芳的香气。香水的香精含量一般为10%～25%，乙醇含量为70%～90%。

(1)香水的香型

香水类化妆品的香型多为复合型，大致可分以下几型：

①花香型：大多模拟天然花香，包括单花型香水和混合花型香水。

②幻想型：用花以外的天然香气如树、草、木、海岸、土等制造自然现象、风俗、景色、地名、音乐、情绪等方面的想象，如青香型、苔香型、百花型、飞蝶型、果香型、海风型等。

(2)香水的三阶香味

1889 年诞生的"掌上明珠"(Jicky)是世界上第一瓶利用人工合成法制作而成的现代香水，它奠定了现代香水具有前中后三段香味的基本模式。从此以后，大批量的香水都采取这种金字塔式(或称三阶式、三层式、经典式)结构。

①前调：包含香水中最容易挥发的成分，指在香水喷、擦后最初嗅到的香气，即人们首先感受到的香气特征。前调只能维持很短时间，也许是几分钟，作用是给人最初的印象，吸引注意力。

②中调：紧随前调出现，散发出香水的主体香味，能在较长时间保持稳定和一致。中调体现一款香水最主要的香型，一般至少维持 4 个小时。

③尾调：香味最持久的部分，也是挥发最慢的部分，留香的持久使它成为整款香水的总结。尾调可以维持一天或者更长时间(某些香水的尾调可残留数日乃至数十日)，是选香水时最应考虑的香味层次。

为方便描述，含有三个层次的香水，其主要内容成分经常写成金字塔样式，分段排列。

6.6.2 古龙水

古龙水又称为"科隆水"，由意大利人在德国的科隆市研制而成。古龙水香味清淡，香精含量为 3%～8%，乙醇含量为 80%～85%。香精中含有香柠檬油、薰衣草油和橙花油等成分。

6.6.3 花露水

花露水是由乙醇、水、香精和(或)添加剂等成分配制而成的液体，有芳香、清凉、祛痱止痒等作用。

花露水中含大量乙醇,喷洒后附着于皮肤表面的乙醇挥发会产生降温效果。薄荷醇、冰片等成分可以使皮肤产生清凉感,暂时减轻瘙痒感,同时有提神醒脑的效果。

在普通花露水的基础上添加适量驱蚊剂(如避蚊胺、驱蚊酯)可制成驱蚊花露水,用于驱避蚊虫。注意:驱蚊花露水属于卫生用农药,购买时需要仔细阅读产品标签,认准农药登记证号、产品标准号和生产批准文号。

6.7　科学选用化妆品

公共卫生专家明确表示,不要无节制地使用化妆品。特别是在炎热夏天,皮肤表面毛细血管扩张,周身血液循环加快,会加速有害化学物质的吸收,危害健康。

6.7.1　化妆品的潜在危害

(1)损害皮肤

化妆品涂抹过多,会堵塞面部毛孔,妨碍汗腺、皮脂腺的分泌,引起粉刺、皮炎。临床发现,近年来因使用化妆品而引起皮炎的患者逐渐增多。

化妆品中的色素、香料、表面活性剂、防腐剂、漂白剂及避光剂等都可能导致接触性皮炎。如染发剂中的对苯二胺、口红中的二溴荧光素和四溴荧光素等,都具有变应原性质,均可引起皮肤红肿、瘙痒等接触性皮炎症状;胭脂、眉笔的笔芯均含有变应原,可导致变应性接触性皮炎。酸、碱、盐及表面活性剂对皮肤有一定刺激性。

除此之外,化妆品中油脂类物质可能引发皮脂腺功能紊乱;乳化剂可能导致皮肤敏感,且有较强的致癌性;色素易造成色素沉着,形成色斑;香料具有强致敏性,易引发过敏反应;防腐剂杀死有害菌的同时也杀死有益菌,削弱皮肤自身的保护功能。

(2)金属中毒

有些化妆品质量低劣,铅、汞等元素超过安全用量,长期使用会引起色素沉积或重金属中毒。铅过量可损害骨髓造血功能和神经系统,也会对心血管和肾脏造成损伤。汞虽然可以干扰黑色素合成,使皮肤变白,用于祛斑,但过量使用会导致急性肾衰竭和精神失常。

(3)致病菌感染

一些含有蛋白质、维生素、植物提取液的高级营养霜极易滋生细菌和真菌,使用时间过长容易引起感染:金黄色葡萄球菌可引起化脓、败血症;链球菌可引起皮炎、毛囊炎和疖肿;某些真菌可引起面部或头部皮肤病。

需要注意的是,部分成人化妆品中添加了对羟基苯甲酸酯类物质(进入人体后起类似雌激素的作用),儿童长期接触可导致性早熟。因此,家长要将自己的化妆品放好,不要让孩子过早使用。

6.7.2 化妆品的合理选用

(1)按肤质选用化妆品

油性皮肤:可选用清洁力较强的洁肤用品和具有收敛作用的紧肤水等,可选用水包油型护肤用品。

干性皮肤:可选用含油脂成分的洁肤用品和油包水型冷霜等护肤品。

中性皮肤:可选用清洁力较弱的洁肤用品。

敏感性皮肤:应特别注意查看产品成分中是否含有已知的过敏成分。对已知过敏的化妆品(包括同类产品),避免再次使用。必要时可通过皮肤斑贴试验找出致敏物质。应尽量选择成分简单,色泽、气味清淡的护肤化妆品。最好选用不含香精、色素或羊毛脂等易致过敏成分的产品。

(2)按季节选用化妆品

夏季:气温较高,皮肤的汗腺、皮脂腺分泌旺盛,常分泌较多的汗液和皮脂。此时宜使用含油量较少的化妆品。为防止阳光中紫外线对皮肤的损伤,可选用合适的防晒化妆品。

冬季:气候寒冷干燥,汗液和皮脂分泌量减少,皮肤干燥(甚至皲裂)。此时应使用油脂含量高、含保湿成分的护肤用品,如雪花膏、润肤霜等。

春秋季:可选用含油量中等的奶液类护肤用品。

(3)按性别、年龄选用化妆品

男性:青年皮脂分泌较多,皮肤偏油性。男性用化妆品的主要作用是吸收过量分泌的皮脂,保持皮肤水油平衡。

女性:按老、中、青等年龄段选用。

婴幼儿:皮肤细嫩,皮脂分泌较少,可选用专供婴幼儿使用的各种化妆品。

老年人:皮肤较为干燥,应选用油脂含量较高及含有维生素 E 等营养成分的化妆品。

(4)慎用祛斑类化妆品

祛斑类化妆品一般采用的是化学剥落方法。这类化妆品一般含有氧化钙、苯酚、三氯乙酸、水杨酸、苯甲酸、过氧化氢等成分,有的还含有浓度过高的对苯二酚、氯化氨基汞、铅等成分,会导致皮肤过敏或剥脱,出现潮红、丘疹、瘙痒、脱屑,使用时有灼热刺痛感,重者可出现水疱、渗液和肿胀,甚至出现皮肤溃疡和继发感染。应该严格在美容医生指导下，按照限定的浓度和使用时间，在局部皮肤上小心使用祛斑类化妆品。

（5）不要使用劣质化妆品

为防止使用劣质原料制备的化妆品或添加有毒有害物质的化妆品，可关注国家药监局相关通告，主动"避雷"。

（6）不要使用变质化妆品

化妆品应存放于阴凉干燥处，开封后应尽快使用，不宜长期存放。

睫毛膏：开封后可存放 3～6 个月，若变浓或结块应及时更换。

眼影：开封后可存放 1 年左右，若变浓或结块应及时更换。

眼线笔：液状眼线笔开封后可存放 6 个月，一般眼线笔可存放 6 个月至 1 年。

粉底：可储存在室温条件下，或存放于冰箱内，注意避免日光照射。若粉底硬化、变色或产生异味，则表明其中的油脂成分腐坏，不宜再使用。

乳液：可储存于室温条件下，或存放于冰箱内。若产生异味，则表明乳液已变质，需要及时更换。

香水：开封后可于室温条件下存放 3～5 年。当香味变淡或发出酸味时，需要及时更换。

唇膏：开封后可存放 1～2 年。口红会从空气中吸收水分，易发霉变质。

（7）要防止过敏反应

在使用一种新产品前，要先做皮肤试验，确认无发红、发痒等反应再使用。一旦发现皮肤对化妆品有不良反应，应立即停用。

（8）避免误食化妆品

化妆品只供外用，应避免误食。慎重起见，最好在饮食前擦去唇膏，以免随食物进入体内。

（9）睡觉前要卸妆

睡觉前应将皮肤上的化妆品洗去，不要带妆入睡。

第7章 洗涤类化学品

在我们的日常生活中,洗涤用品是不可缺少的日用品之一。洗涤用品包括家用洗涤用品、个人清洁用品和工业与公共设施清洗用品。家用洗涤用品可根据洗涤对象分为衣用、居室用、厨房用和盥洗用等种类,其中衣用洗涤剂市场最大,厨房用洗涤剂次之。

7.1 洗涤基础知识

洗涤一般指通过一定的物理、化学方法或手段将待洗物(底物)表面的污染物除去。在日常生活中,有时候我们用水或其他溶剂来清洗某些不干净的物品,这些都是典型的洗涤。从这个意义上来看,水或其他溶剂本身就是一种清洗剂。然而在绝大多数情况下,仅仅用水或其他溶剂来进行清洗是远远不够甚至无效的,所以本书所指的洗涤剂(用品)通常指那些含有洗涤剂成分的复配产品。

通常意义上的洗涤可拆分为两个过程:第一个过程是污垢在洗涤剂的作用下与被清洗物发生分离;第二个过程是被分离的污垢悬浮于洗涤介质中,而不再黏附于被清洗物表面。第一个过程通常需要借助揉搓、搅动和溶解来实现。第二个过程则通常是污垢在洗涤剂作用下乳化、分散。

污垢常常以各种形态出现,其成分也多种多样。被清洗物表面的性质各不相同,且洗涤过程受很多物理、化学因素的影响,因此洗涤是一个十分复杂的综合过程。总的说来,洗涤包括被清洗物、污垢、洗涤剂、溶剂的性质和洗涤工艺这五个基本要素。

(1)被清洗物(底物)

被清洗物可以是结构松散、质地柔软的织物,也可以是表面质地坚硬、结构紧密的金属、塑料及玻璃等。即使都是织物,因采用的纤维、染料及处理工艺不同,不同织物对洗涤的要求也不同。污垢多的织物和白色织物等适宜在 50 ℃以上的溶液中洗涤。而污垢少的羊毛和丝绸等,应在 38 ℃以下的溶液中洗涤。对于表面坚硬的被清洗物,因其结构紧密,污垢仅附着于表面,清洗时可以用化学方法来提升清洗效果。因此,对于不同的底物,应采取不同的清洗方式。

(2)污垢

被洗涤的污垢是多种多样的,有液态的,也有固态的;有极性的,也有非极性的;有细颗粒,也有粗颗粒的;有水溶性的,也有脂溶性的。污垢一般为多种类型的混合。大致可以分为以下几类。

①水溶性和水分散性污垢:糖、果汁、盐等水溶性污垢可通过水洗去除。淀粉、小麦粉及富含蛋白质的血液、黏液等虽然不完全是水溶性的,但可以分散在大量水中,借助表面活性剂等可以清洗干净。

②非水溶性无机物污垢:水泥、熟石灰、煤烟、油烟、土壤等。此类污垢不仅不易溶于水,且大多不溶于有机溶剂,可以适当的表面活性剂和机械力处理,使其脱离被清洗物,分散悬浮于洗涤液之中。

③非水溶性有机物污垢:食用油、润滑油、燃料油、沥青、涂料、颜料等。此类污垢多数能溶于某些有机溶剂,故可以利用溶剂作为介质通过溶解作用去除。水洗的时候,需要添加适当的表面活性剂、助洗剂,再辅以适当的机械力,使油性污垢乳化、分散或溶解,脱离被清洗物。

值得一提的是,油脂或汗液中存在少量脂肪酸类极性有机物。此类物质虽为非水溶性物质,但可与洗涤剂中碱性助剂反应生成具有表面活性的物质,反而有助于提升洗涤效果。

(3)洗涤剂

洗涤剂是洗涤过程中最重要的元素。洗涤剂主要由表面活性剂、助剂、辅助原料和洗涤介质组成,其中表面活性剂是洗涤剂中的重要活性成分。助剂的作用是协助表面活性剂达到最大功效,有时也是必不可少的。

7.2　表面活性剂

表面活性剂是指能显著降低溶剂(一般为水)表面张力,改变界面状态的物质,具有固定的亲水、亲油基团,在溶液的表面能定向排列。

表面活性剂的结构如图 7-1 所示,其一端为亲水的极性基团(亲水基,如—OH、—COOH、—SO$_3$H、—NH$_2$),另一端为亲油的非极性基团(亲油基,如—R、—Ar)。两类基团形成一种不对称的、极性的结构,因而赋予该类特殊分子既亲水又亲油的特性。这种特殊结构通常被称为"双亲结构",因此表面活性剂分子也常被称作"双亲分子"。

根据组成,表面活性剂可分为离子型表面活性剂和非离子型表面活性剂。其中,离子型表面活性剂又可分为阴离子型表面活性剂、阳离子型表面活性剂和两性离子型表面活性剂。

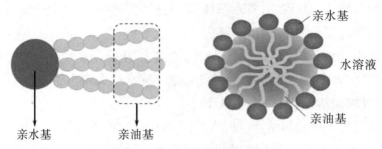

图 7-1   表面活性剂结构示意图

表面活性剂要呈现特有的界面活性,必须使亲油基和亲水基之间有一定的平衡。一般用亲水亲油平衡值(HLB)表示表面活性剂的亲水亲油性能。例如:石蜡(无亲水基)的 HLB 为 0,聚乙二醇(完全亲水)的 HLB 为 20。对阴离子型表面活性剂,可通过乳化标准油实验确定 HLB。HLB 可作为选用表面活性剂的参考依据(表 7-1)。

表 7-1   表面活性剂的 HLB 范围

HLB	用途	HLB	用途
15～18	增溶剂	7～9	润湿剂
13～15	洗涤剂	3.5～6	油包水型乳化剂
8～18	水包油型乳化剂	1.5～3	消泡剂

表面活性剂具有促溶、乳化、润湿、助悬、起泡、消泡、渗透、分散、洗涤等作用,还可以衍生出抗静电、匀染、防锈、杀菌消毒等性质,主要应用于化妆品、洗涤剂、食品、纺织、机械加工、造纸、环保等领域。

7.2.1   阴离子型表面活性剂

阴离子型表面活性剂是指在水中电离后起表面活性作用的部分带负电荷的一类表面活性剂。阴离子型表面活性剂是表面活性剂中发展最早、产量最大、品种最多的一类产品,是日化产品的主要活性组分,在其他诸多工业领域也有广泛应用。

阴离子型表面活性剂可分为羧酸盐型、磺酸盐型、硫酸酯盐型和磷酸酯盐型。在阴离子型表面活性剂中,磺酸盐型和硫酸盐型表面活性剂占据绝对主要的市场地位。2020 年,我国阴离子型表面活性剂产量为 151.7 万吨。其中:烷基苯磺酸盐(或烷基苯磺酸盐)产量为 68.8 万吨,占阴离子型表面活性剂总产量的 45.4%;脂肪醇醚硫酸盐产量为 64.6 万吨。

(1)羧酸盐型表面活性剂

羧酸盐型表面活性剂是历史上开发最早的阴离子型表面活性剂,目前仍是皮肤清洁剂的重要品种。常见羧酸盐型表面活性剂有高级脂肪酸的钾盐、钠盐、铵盐和三乙醇胺盐。肥皂是最常见的羧酸盐型表面活性剂,有良好的润湿、发泡和去污效果,广泛用作洗涤剂。除肥皂外,雷米邦 A(613 洗涤剂)也是一种常见的羧酸盐型表面活性剂。

(2)磺酸盐表面活性剂

常见磺酸盐型表面活性剂有烷基苯磺酸盐、α-烯烃磺酸盐、烷基磺酸盐、琥珀酸酯磺酸盐、烷基萘磺酸盐、石油磺酸盐、木质素磺酸盐和烷基甘油醚磺酸盐等多种类型。

①烷基苯磺酸钠为黄色油状液体,其亲油基为烷基苯基,亲水基为磺酸基。烷基苯磺酸盐是阴离子型表面活性剂中最重要的一种,也是国内合成洗涤剂的主要活性成分。烷基苯磺酸钠去污力强,起泡量大,泡沫稳定,化学稳定性好,原料来源充足,生产成本低,在民用和工业用洗涤剂中有着广泛的用途。代表产品十二烷基苯磺酸钠是一种性能优良的合成表面活性剂,比肥皂更易溶于水,是消费量最大的家用洗涤剂,在工业清洗中也有广泛应用。

②α-烯烃磺酸盐是一种性能优良的洗涤剂,在硬水中和有肥皂成分存在时具有很好的起泡力和优良的去污力。α-烯烃磺酸盐毒性低,对皮肤刺激性小,在家庭和工业清洗中均有广泛应用,常用作个人洗护用品、手洗餐具清洗剂、重垢衣物洗涤剂、羽毛清洗剂、洗衣用合成皂、液体皂及家庭用和工业用硬表面清洗剂的主要成分。

7.2.2　阳离子型表面活性剂

阳离子型表面活性剂主要是含氮的有机胺衍生物,具有杀菌、柔软、抗静电、抗腐蚀作用,以及良好的乳化、润湿性能,主要用作杀菌剂、纤维柔软剂和抗静电剂,也可用作相转移催化剂。

阳离子型表面活性剂一般为高级胺盐,包括伯胺盐、仲胺盐、叔胺盐和季铵盐。前三者对 pH 较敏感,在酸性介质中易溶解,且十分稳定,有良好的表面活性,但在碱性条件下易游离出不溶于水的胺,从而失去表面活性。季铵盐型表面活性剂是最为重要的阳离子型表面活性剂品种,对 pH 有较强的适应能力,在酸性和碱性介质中都能很好地发挥其表面活性作用,且与其他类型表面活性剂相容性好,具有一系列优良的性质,使用范围比较广泛。

阳离子型表面活性剂在工业上大量使用的时间不长。我国研发和使用阳离子型表面活性剂起步较晚,但发展速度较快。2020 年,中国阳离子型表面活性剂产量为 14.8 万吨,占表面活性剂总产量的 4.00%。

7.2.3　两性离子型表面活性剂

两性离子型表面活性剂分子中既有阴离子亲水基,也有阳离子亲水基,既能给出质子,也能接受质子。

绝大部分两性离子型表面活性剂为羧基盐。其中,阳离子部分为胺盐的称为氨基酸型两性表面活性剂,阳离子部分为季铵盐的称为甜菜碱型两性表面活性剂。十二烷基甜菜碱是两性离子型表面活性剂的代表产品。

十二烷基甜菜碱为无色或微黄色黏稠液体,在酸性条件下具有阳离子型表面活性剂性质,在碱性条件下具有阴离子型表面活性剂性质,有优良的柔化、杀菌、抗静电、起泡、稳泡、增稠、去污、防锈等性能,主要用于洗发水、沐浴液、洗涤剂、杀菌消毒剂、抗静电剂等。

两性离子型表面活性剂通常可用作絮凝剂、杀菌剂、防腐剂、分散剂、乳化剂、润湿剂、清洗剂、柔软剂、抗静电剂、抗微生物剂等。2020 年,我国两性离子型表面活性剂产量为 16.9 万吨,占表面活性剂总产量的 4.57%。

7.2.4　非离子型表面活性剂

非离子型表面活性剂是指以醚基为主要亲水基的表面活性剂。非离子型表面活性剂具有很好的表面活性,良好的促溶、洗涤、抗静电、钙皂分散性能,优异的润湿和洗涤性能及一定的耐硬水能力,且刺激性小,可与其他离子型表面活性剂共同使用,是净洗剂、乳化剂配方中不可或缺的成分。

非离子型表面活性剂可分为聚氧乙烯醚型、多元醇型、酰胺型以及聚醚型。

非离子型表面活性剂广泛应用于纺织、造纸、食品、医药、农药、涂料、染料、化肥和环保等领域。2020 年,中国非离子型表面活性剂产量为 186.2 万吨,占表面活性剂总产量的 50.38%。

7.3　肥皂

肥皂是脂肪酸金属盐的总称,通式为 $RCOO^- M^+$。式中,$RCOO^-$ 为脂肪酸根,M^+ 为金属离子。日用肥皂中的脂肪酸根所含碳原子数一般为 10~18,金属离子主要是钠或钾等碱金属的阳离子。脂肪酸与氨及某些有机碱如乙醇胺、三乙醇胺等反应可制成特殊用途肥皂。广义上,油脂、蜡、松香等和碱类发生皂化反应得到的脂肪酸盐皆可称为肥皂。根据基本用途,肥皂可分为工业用肥皂和家用肥皂。

(1)肥皂的原料

生产肥皂的主要原料是油脂和碱。油脂可以是动物油脂,也可以是植物油脂。动物油脂包括牛油、羊油、猪油、鱼油等;植物油脂包括椰子油、棕榈油、花生油、玉米油等。常用的碱为氢氧化钾、氢氧化钠等。

制造肥皂的辅助原料有硅酸钠、碳酸钠、抗氧化剂、杀菌剂、钙皂分散剂及透明剂等。

(2)肥皂的制造工艺

肥皂的制造工艺通常分为两步:第一步是皂基的制造,包括皂化、盐析、洗涤、碱析、整理等工艺环节;第二步是调配(添加辅助原料)与成型。

(3)肥皂的分类

①根据具体用途分类:洗衣皂、香皂和其他用皂。

②根据形态分类:块皂、皂粉、皂片和液体皂等。

③根据活性物的组成分类:一般肥皂和复合皂等。

7.3.1　洗衣皂

洗衣皂的主要成分是高级脂肪酸钠。常见洗衣皂主要有以下几类:

①透明洗衣皂:严格意义上应称作"半透明皂",是目前市场上的主流品种。

②增白洗衣皂:通过添加荧光增白剂,提高对白色织物的清洁、增白效果,越来越受到消费者认可。

③植物洗衣皂:全植物油脂配方,使用更安全,更环保,没有动物油脂的异味,有较好的市场前景。

④普通洗衣皂:低档产品,市场逐渐萎缩,因为其对皮肤伤害较大。

7.3.2　香皂

香皂可分为一般香皂、美容皂和药皂等,也可分为透明香皂和不透明香皂。

香皂的主要功效是清洁洗涤,用于清除皮肤表面的泥土、分泌物和细菌等。选用香皂洁面或洗浴时应了解自己皮肤的性质:干性皮肤最好选用富含油脂的香皂;油性皮肤应选择去油脂效果好的香皂;婴幼儿最好选用婴幼儿专用香皂。注意:婴幼儿不宜经常使用香皂。

(1)透明香皂

透明香皂一般以精炼的、色泽非常浅的油脂(如牛油、椰子油、棕榈油、蓖麻油)为原料。皂化反应后,通过加入乙醇、甘油、蔗糖等透明剂提高透明度。

透明香皂起泡迅速,泡沫丰富,对皮肤刺激性弱,综合去污能力强,保湿成分丰富。透明香皂的脂肪酸钠含量较低,一般为 38%～39%,可用于清洁面部皮肤。

(2)药皂

药皂以牛油、椰子油(或其他油脂)、少量发泡剂及氢氧化钠等为原料,添加适量杀菌剂,具有较强的清除和杀菌效果,是家庭防范细菌、保卫自身健康的利器。

但是,传统药皂具有强烈的刺激性气味,且对皮肤有一定刺激性,皮肤细嫩的儿童和女性慎用。

常见药皂一般有以下几类:

①酚类药皂:皂基中加入酚类化合物。

②硼酸类药皂:皂基中加入一定量硼酸。硼酸消毒力相对较弱,仅能抑制部分细菌的繁殖。

③硫黄类药皂:皂基中加入硫黄,可杀灭螨虫、疥虫等寄生虫及部分真菌,对疥疮有辅助疗效。

④中草药类药皂:皂基中加入中草药浸取液和香料。中草药类药皂对部分皮肤病有辅助疗效,且性能温和,无明显副作用。

⑤新型药皂:采用新型表面活性剂,可以迅速吸附到细菌表面,使细菌内部重要物质析出,从而产生杀菌效果。这种药皂对皮肤的刺激性很弱。

7.4　合成洗涤剂

合成洗涤剂是指由合成的表面活性剂和辅助组分混合而成的具有洗涤功能的复配制品,其形态主要有粉剂、液体、固体或膏体等。常见的合成洗涤剂有洗衣粉、洗衣液、洗洁精。

7.4.1　几种常见的合成洗涤剂

7.4.1.1　洗衣粉

洗衣粉是指阴离子型表面活性剂(如烷基苯磺酸钠)、少量非离子型表面活性剂、助剂、磷酸盐(现在多用 4A 沸石代替磷酸盐)、硅酸盐、硫酸钠、荧光剂、酶等,经混合、喷粉等工艺制成的粉状(粒状)合成洗涤剂。

(1)洗衣粉的组成成分

洗衣粉的五大成分为活性成分(阴离子型表面活性剂)、助洗成分、缓冲成分、增效成分和分散剂。洗衣粉的辅助成分主要有织物纤维防垢剂、非离子型表面活性剂、水软化剂、污垢悬浮剂、酶、荧光剂及香料等。

(2)常见洗衣粉类型

①高泡型(普通型):适用于手工洗涤。

②低泡型:含聚醚和肥皂成分,去污效果强,泡沫少,易漂清,洗衣机专用。

③漂白型:含过硼酸钠或过碳酸钠,在 60 ℃以上的热水中有漂白作用,适用于洗涤白色衣物。

④加酶型:含有生物催化剂,可分解衣物上的汗渍、奶渍和血污,在 45 ℃水中

使用效果最好。

⑤增艳型:含有荧光增白剂,可使白色衣物增白,彩色衣物增艳。

(3)洗衣粉的使用注意事项

①应先用温水将洗衣粉溶解。再将浸湿的衣物泡于其中,浸泡 15～20 min 之后洗涤效果更理想。

②加酶洗衣粉用水的温度不能超过 60 ℃,否则酶将会失活(无效),从而影响洗涤效果。

③洗衣粉只能用来洗衣服,而且需要用清水漂洗干净。

④洗衣粉不可与消毒液混用,否则会影响洗涤效果。

⑤尽量选用无磷洗衣粉,减少对水体的污染。

7.4.1.2　洗衣液

洗衣液多以非离子型表面活性剂为有效成分,pH 接近中性,对皮肤温和,并且排入自然界后降解较快。洗衣液最常用的非离子型表面活性剂是椰油酰二乙醇胺、脂肪醇聚氧乙烯醚和脂肪醇聚氧乙烯醚硫酸钠。

洗衣液的选购技巧:

①外观质量上乘的产品肉眼看去无杂质或分层,颜色稳定,长期放置也不变色;包装上应该有产品名称、净重、产品使用说明、厂名、厂址、保质期等;产品标签上商标图案清楚,无脱墨现象。次品分层(下浓上稀),有色散、褪色现象。

②好的洗衣液香味纯正、持久。不好的洗衣液偏酸,还带有涩味。

③好的洗衣液手感黏度适中,成分均匀。而较差的洗衣液极黏或极稀,底部有沉淀。

7.4.1.3　洗洁精

洗洁精是针对厨房中不同种类的油污所设计的洗涤剂,可高效去油污,泡沫细腻丰富,易清洗,不残留,成本低廉,使用方便,可用于清洁碗筷上的轻油污、锅具上烧干的肉汁和油脂、沾染灰尘的黏腻油污,以及蔬果表面残留的农药和果蜡。

洗洁精的主要成分是直链烷基磺酸钠、脂肪醇醚硫酸钠、泡沫剂、增溶剂、香精、水、色素、防腐剂等化学成分。

直链烷基磺酸钠和脂肪醇醚硫酸钠都是阴离子型表面活性剂,可用于去除油污。直链烷基磺酸钠具有良好的去污和乳化效果,耐硬水和发泡性能好,生物降解性极佳,是绿色表面活性剂,多应用于洗发水、餐具洗涤剂等。脂肪醇醚硫酸钠易溶于水,有优良的去污、乳化、发泡、抗硬水性能及温和的洗涤性能,不会损伤皮肤。

使用洗洁精时应注意以下几点:

①最好选用无磷、无荧光增白剂的清洁剂。

②用洗洁精洗蔬菜、水果时,洗涤液浓度应为 0.2%,浸泡时间以 5 min 为宜,浸泡后还需反复用流动清水冲洗。

③用洗洁精洗餐具时,浓度以 0.2%～0.5% 为宜,浸泡时间以 2～5 min 为宜,浸泡后应反复用流动清水冲洗,每件物品的冲洗时间不能少于 10 s。

7.4.2　合成洗涤剂中常用助剂

除表面活性剂外,洗衣粉制作过程中还需要添加各种助剂,以辅助发挥洗涤效果。这些助剂本身的去污能力很弱或基本没有去污能力,但加入后可使洗涤剂的洗涤效果明显提高,或使表面活性剂的用量降低。

合成洗涤剂中的助剂一般有以下几种功能:

①增强表面活性,促进污垢分散、乳化、溶解,防止污垢再沉积。

②软化硬水,防止表面活性剂水解,提高洗涤液碱性,且有碱性缓冲作用。

③改善泡沫性能,增大物料溶解度,增大产品黏度。

④降低皮肤的刺激性,对织物起柔软、抑菌、杀菌、抗静电等作用。

⑤改善产品外观,使有色织物色彩更鲜艳,赋予产品香气,提高洗涤剂的附加值。

7.4.2.1　无机助剂

(1)磷酸盐

常用的磷酸盐有磷酸钠、三聚磷酸钠、焦磷酸钾。合成洗涤剂中最常用且性能最好的螯合剂是三聚磷酸钠。

传统的合成洗衣剂都含有三聚磷酸盐(15%～30%)。磷是水体富营养化的罪魁祸首:磷是一种营养物质,可以造成水中藻类疯长。而大量藻类又会消耗水中的氧分,使水中微生物因缺氧而死亡、腐败,使水体失去自净能力,从而破坏水质。因此,大量使用含磷洗涤剂会造成水体富营养化。研究发现,人造沸石是比较有发展前途的一种无磷洗涤助剂。

(2)硫酸钠

硫酸钠是合成洗涤剂中的无机助剂和粉状洗涤剂中的填料,其在粉状洗涤剂中含量一般为 20%～40%。

(3)硅酸钠

硅酸钠通常称为"泡花碱",其水溶液俗称为"水玻璃"。硅酸钠的水溶液可视为硅酸钠与硅酸组成的缓冲溶液。因此,合成洗涤剂中的硅酸钠可发挥控制 pH、减少洗涤剂消耗和保护织物等作用。除此之外,硅酸钠还有乳化和稳定泡沫等作用,可阻止污垢在被清洗物上再沉积,且对金属(如铁、铝、铜、锌等)有一定防腐蚀作用。

7.4.2.2　有机助剂

合成洗涤剂中最常用的有机助剂是羧甲基纤维素钠（sodium carboxymethyl cellulose，CMC-Na）。羧甲基纤维素钠最重要的作用是携污。如果在洗涤剂中加入 1%～2% 的 CMC-Na，则洗涤时 CMC-Na 会被吸附在被清洗物表面，同时也被吸附在污垢粒子的表面，使二者都带上负电荷。在同性电荷的相互排斥作用下，污垢难以重新沉积到被清洗物的表面。CMC-Na 具有增稠、分散、乳化、悬浮和稳定泡沫的作用，能使污垢稳定地悬浮于洗涤液中，不易再发生沉积。

7.4.3　合成洗涤剂中的其他成分

7.4.3.1　稳泡剂与消泡剂

高泡型洗涤剂需要加入少量稳泡剂，以使洗涤液的泡沫稳定持久。例如：洗涤剂中加入的烷醇酰胺主要用于增稠和稳定泡沫，兼有悬浮污垢防止其再沉积的作用，可显著提高洗涤剂的脱脂力。较常使用的烷醇酰胺有月桂酰二乙醇胺和椰油酰二乙醇胺。

低泡型洗涤剂需要加入少量消泡剂，以减少泡沫或使泡沫迅速消失。常用的消泡剂有聚硅氧烷。

7.4.3.2　酶

酶是一种生物制品，无毒，且能完全生物降解。作为洗涤剂的助剂，酶具有专一性。洗涤剂中的复合酶能将污垢中的脂肪、蛋白质、淀粉等较难去除的成分分解为易溶于水的化合物，从而提高洗涤剂的洗涤效果。因此，在洗涤剂中添加酶制剂可以降低表面活性剂和三聚磷酸钠的用量，使洗涤剂朝低磷化、无磷化的方向发展，减少对环境的污染。

7.4.3.3　助溶剂

配制高浓度液体洗涤剂时，有些活性成分不能完全溶解，加入助溶剂可以解决这个问题。常用的助溶剂有乙醇、尿素、聚乙二醇、甲苯磺酸盐等。凡能减弱溶质与溶剂的内聚力，增强溶质与溶剂的吸引力，对洗涤功能无影响且价格低廉的物质都可用作助溶剂。

7.4.3.4　荧光增白剂

荧光增白剂是一种无色的荧光染料。经荧光增白剂处理的物品，在含紫外光源（如日光）的照射下看上去白色的更白，有色的更艳。在合成洗涤剂中添加适量和适当的荧光增白剂，不但能改善粉状洗涤剂的外观，提高洗衣粉粉体的白度，还能提高被洗涤织物的白度和鲜艳度，提高合成洗涤剂的附加值。目前，荧光增白剂已成为合成洗涤剂配方中不可缺少的重要组分。

7.4.3.5　香精

香精由多种香料调配而成,与洗涤剂组分有良好的配伍性(pH 为 9～11 时稳定)。洗涤剂中添加香精(含量一般低于 1%),可使织物留有清新香味,使人心情愉悦。

7.4.3.6　溶剂

新型洗涤剂中常使用多种溶剂,有助于去除油性污垢。洗涤剂中常用的溶剂有松油、醇、醚、脂、氯化溶剂等。

7.4.3.7　抑菌剂

在洗涤剂中加入抑菌剂可以防止衣物在洗涤后遗留病菌,防止洗后衣物被病菌感染。抑菌剂的加入量一般是千分之几。3,5,4′-三溴水杨酸苯胺、三氯生、六氯苯都可作为抑菌剂使用,可用于防止细菌繁殖。

7.4.3.8　漂白剂

常用的漂白剂有两种,一种是含氯漂白剂,另一种是含氧漂白剂。含氯漂剂的漂白去污能力比含氧漂白剂强,但对织物纤维有较大破坏作用。

(1)含氯漂白剂

含氯漂白剂简称氯漂,可释放活性氯,常用的有以下 3 种。

①次氯酸钙[$Ca(ClO)_2$]:漂白粉的有效成分,易与肥皂反应形成沉淀;不能与洗衣粉混用,不可用于漂白有色衣物。

②次氯酸钠($NaClO$):常用漂白水的主要成分,具有杀菌、漂白作用。次氯酸钠不可用于漂白蚕丝、羊毛等蛋白质纤维,因为次氯酸钠对蛋白质纤维有破坏作用,可使纤维泛黄。

③亚氯酸钠($NaClO_2$):只限于合成纤维的漂白,刺激性强,不可用于漂白有色衣物。

使用以上含氯漂白剂漂白后,一定要进行脱氯处理,否则一段时间后纤维会脆化、变黄。脱氯处理:一般在常温条件下使用 1～3 g/L 硫代硫酸钠($Na_2S_2O_3$)处理即可,也可以使用连二亚硫酸钠($Na_2S_2O_4$)处理。

(2)含氧漂白剂

含氧漂白剂简称氧漂,通常有氧漂剂和彩漂粉,对织物的漂白较温和,一般不会损伤织物,可令白色或有色织物漂白后色泽更亮丽。

①过氧化氢(H_2O_2):在碱性溶液中具有强的漂白作用,在酸性溶液中分解产生游离氧。过氧化氢对纤维没有很强的脆化作用,但长时间浸泡可使羊毛、蚕丝等产生相当程度的脆化,对树脂加工品或荧光染色的衣物则无不良影响。

②过碳酸钠($2Na_2CO_3 \cdot 3H_2O_2$):一种新型高效洗涤剂和漂白剂,可用于漂

白各种纤维,特别是蚕丝、羊毛等纤维,且不影响环境,但稳定性差。

③过硼酸钠($NaBO_3$):与过碳酸钠相似,可用于漂白各种类型织物,特别是羊毛、蚕丝等,但对漂白温度要求较高($60 \sim 80\ ^\circ\!C$)。过硼酸钠常用于牙膏、口腔清洁剂、除臭剂等。

④高锰酸钾($KMnO_4$):强氧化剂,可用于去除污点,但会产生灰褐色二氧化锰,所在一般要用亚硫酸氢钠进一步除去二氧化锰。

⑤亚硫酸氢钠($NaHSO_3$):用于高锰酸钾后还原漂白。

⑥连二亚硫酸钠($Na_2S_2O_4$):俗称"保险粉",是一种较强的还原型漂白剂,多用于脱色。

(3)臭氧

臭氧(O_3)有极强的漂白性,常用于消毒。

(4)木炭或活性炭

木炭和活性炭的漂白作用属于物理吸附性漂白,可用于制作脱色剂、除臭剂、去味剂、防毒面具的滤毒罐等。

知识链接 | 漂白剂存在的健康风险

①含氯漂白剂:可能引发心脏病、气喘、肺气肿,对皮肤、眼睛和其他的细胞膜造成伤害,口服会引起呕吐、喉咙痛、口腔和食道的轻度刺激或溃疡、吐血。

②过氧化氢:新加坡国立大学医院牙科修复研究发现,将牙齿浸泡在高浓度双氧化水中 24 h,牙本质和釉质的硬度和弹性会受到一定影响。

③过碳酸钠:对眼睛和呼吸道有严重的刺激性,可造成灼伤;对皮肤有刺激性,易引起皮肤溃疡、灼伤;吸入对呼吸道有刺激性,易引发咳嗽、喷嚏、喉咙痛和呼吸困难等症状;吞食可能引发呕吐、腹泻;残留在衣物上可致皮肤过敏。

④过硼酸钠:单次大量接触或多次接触可能引起中毒,但大多无症状,少数出现轻微症状,如呕吐、腹泻、心慌、头疼、手抖等,呕吐物及粪便可呈蓝绿色,手掌、脚掌、臀部有脱皮及红疹。

▼ 阅读材料 ▶

表面活性剂的发展简史

公元前 2500—公元 1850 年,人们利用羊油和草木灰制造肥皂。羊油中的三甘酯经碱水解后可得到羧酸盐、单甘酯、二甘酯和甘油。

19 世纪中叶,土耳其红油出现。土耳其红油即蓖麻油与硫酸反应的产物。蓖麻油为蓖麻油酸的三甘酯,经深度磺化,耐酸,耐硬水。

20 世纪初,人们开始利用矿物原料制备洗涤剂。蜡和萘的磺化混合物溶于酸(呈绿黑色),用碱中和制得石油磺酸皂(绿钠)。石油磺酸皂具有良好的水溶性,是第一个用矿物原料制得的洗涤剂。

第一次世界大战期间,油脂出现。煤炭产量提高促进煤化工产业发展,从而推动了短链烷基萘磺酸盐型表面活性剂(如丙基萘磺酸盐、丁基萘磺酸盐)的研发。

第一次世界大战后,德国开发乙二醇衍生物。例如:聚乙二醇与各种有机化合物(包括醇、酸、酯、胺、酰胺)结合,形成多种优良性能的非离子型表面活性剂。

1920—1930 年,脂肪醇硫酸化制备烷基硫酸盐逐渐普及。

20 世纪 30 年代,长链烷基、苯基类硫酸盐型表面活性剂出现。表面活性剂和合成洗涤剂逐渐工业化。由石油化工原料衍生的合成表面活性剂和洗涤剂打破了肥皂一统天下的局面。

1995 年,世界洗涤剂总产量达到 4300 万吨,其中肥皂 900 万吨。据专家预测,全世界人口从 2000 年到 2050 年将翻一番,洗涤剂总量将从 5000 万吨增加到 12000 万吨,净增 1.4 倍。

我国表面活性剂和合成洗涤剂工业开始于 20 世纪 50 年代。近年来,我国表面活性剂产业发展迅速,应用范围日益广泛,主要用于日化、农药、纺织、石油、页岩气等行业。2020 年,我国表面活性剂产量约为 370 万吨,其中两性离子型表面活性剂产量为 16.9 万吨,阳离子型表面活性剂产量为 14.8 万吨,非离子型表面活性剂产量为 186.2 万吨,阴离子型表面活性剂产量为 151.7 万吨。2020 年,我国合成洗涤剂产量为 1108.8 万吨,同比增长 10.8%。

目前,产量超万吨的表面活性剂品种有直链烷基苯磺酸钠、脂肪醇聚氧乙烯醚硫酸钠、脂肪醇聚氧乙烯醚硫酸铵、十二烷基硫酸钠、月桂酰基谷氨酸、木质素磺酸盐、重烷基苯磺酸盐、烷基磺酸盐等。

肥皂的发展简史

美索不达米亚人以楔形文字在黏土板上记载的肥皂做法,是历史上关于肥皂最早的记录。

公元 70 年,罗马帝国学者普林尼第一次用羊油和草木灰制取块状肥皂获得成功。这项技术后来又传到英国,女王伊丽莎白一世下令建厂,于是便建成了世界上最早的具有规模的肥皂工厂。

后来,法国化学家吕布兰用电解食盐水的方法制取纯碱,使肥皂的成本大大降低。从此,肥皂逐渐走进千家万户。

在我国,早在 3000 多年前的周朝,人们用淘米水来洗澡去污。秦汉时期,人们使用皂角来清洗衣物和头发。西晋时期,贵族会使用澡豆去污。

宋朝庄季裕在《鸡肋篇》中写道:"浙中少皂荚,澡面、浣衣,皆用肥珠子。"此处

"肥珠子"即为无患子。深秋,人们将无患子采下,煮熟捣烂,添加香料、白面,拌和,搓成丸,制成"肥皂"。因此,无患子树又称肥皂树。

宋朝时出现了一种人工合成的洗涤剂:肥皂团。将天然皂荚捣碎、研细,添加香料等,制成橘子大小的球状物,即得到"肥皂团",专供洗面浴身之用。《本草纲目》中也记录了"肥皂团"的制造方法:十月采荚煮熟,捣烂和白面及诸香作丸,澡身面,去垢而腻润,胜于皂荚也。明清时期,民间对"肥皂团"做了改进:将砂糖、猪油、猪胰、香料等成分按比例共混、研磨,并加热压制成型,得到"胰子"。

关于肥皂进入中国的时间,比较可靠的记载见于 1854 年英商在上海所作的广告。1860 年,上海的一些洋行开始批量进货,将肥皂销往各地。但那时北方农村依然称肥皂为"胰子"。老舍在《龙须沟》第三幕中写道:"洗衣裳,跟洗脸,滑滑溜溜又省胰子又省碱……"其中的"胰子"指的就是肥皂。

第8章 发用化妆品

发用化妆品是指可对头发进行护理,使头发保持美观的化妆品。常用的发用化妆品有护发素、发油、发蜡、发乳、染发剂、烫发剂、润发液、卷发液和蓬松剂等。

8.1 毛发的组成与基本构造

8.1.1 毛发的组成

构成毛发的主要成分是角蛋白,约由 18 种氨基酸组成。角蛋白的特性是含有 16%~18%的胱氨酸(图 8-1)。其他蛋白质中几乎不存在胱氨酸。

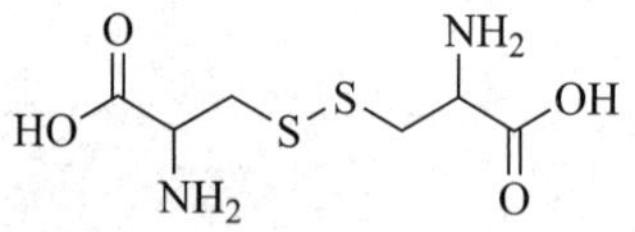

图 8-1 胱氨酸的结构式

角蛋白以多肽(由氨基酸通过肽键连接而成)为主链,呈螺旋状构造。相邻肽链或一条肽链的不同部位存在二硫键、离子键和氢键等作用力(图8-2),使毛发拥有适宜的强度和弹力。

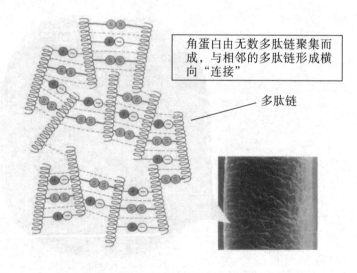

角蛋白由无数多肽链聚集而成,与相邻的多肽链形成横向"连接"

多肽链

图 8-2 毛发结构中多肽链间的各种作用力

(1)二硫键

二硫键是角蛋白的特征键。二硫键结合能力虽强,但可通过化学反应断开并再度连接。人们就是利用这一性质烫发和拉直的。

(2)离子键

相邻的多肽链之间,氨基(正电)和羟基(负电)以离子键结合。pH 为4.5~5.5时,毛发中离子键的连接力最强,角蛋白呈稳定、牢固的状态。pH 偏大或偏小,均使离子键的连接力趋弱。

(3)氢键

氢键作用力较弱,易于断开,也易于形成。氢键遇水断开,自然干燥(除去水分)后即可自行再连接。吹风定型及睡觉导致头发凌乱均与氢键有关。

8.1.2　毛发的基本构造

毛发由毛干和毛根两部分组成。伸出皮肤的部分称为毛干,埋在皮肤内部的称为毛根。毛根周围包有上皮和结缔组织构成的毛囊,其四周有丰富的血管和神经,基部增大呈球状,称为毛球。毛球底部凹陷,内为富含血管和神经的结缔组织,称为毛乳头。若毛乳头萎缩或被破坏,则毛发不能生长。

(1)毛乳头

毛乳头是毛囊的最下端,连有毛细血管和神经末梢。毛乳头的表皮细胞不断分裂和分化,形成毛发的不同组分(如皮质、表皮和髓质等),最外层细胞形成内毛根鞘。

(2)毛囊

毛囊为毛根在真皮层内的部分,由外毛根鞘、内毛根鞘和毛球组成。在毛发生长期后期,内毛根鞘是与头发相邻的鞘层。

(3)毛干

毛干由表皮鳞片层、皮质层、髓质层组成。其中,表皮鳞片层为头发的最外层,通常由 2~4 层鳞片组成。表皮层通常是半透明或无色的,可以让自然发色透出。皮质层占头发的 80%,自然色素沉积于此处,呈现出自然发色。

8.2　洗发水

洗发水又名香波(shampoo 的音译)、洗发露、洗发精、洗发膏,用于洗净附着于头皮和头发的油脂、汗渍、头皮上脱落的细胞以及外来的灰尘、微生物、定型产品的残留物,去除不良气味,保持头皮和头发清洁及美观。

8.2.1　洗发水的分类

(1)按适用发质分类

按适用发质,洗发水可分为通用型洗发水和适用于干性发质、适用于油性发质、适用于中性发质的洗发水等。

(2)按产品形态分类

按产品形态,洗发水可分为液体、膏状、粉状、块状、胶冻状和气雾剂型产品。

(3)按功能功效分类

①珠光洗发水:珠光洗发水即在透明洗发水的基础上添加珠光剂,以提高头发的光泽度。该产品对透明度没有要求。添加珠光剂有两种方式,一种是直接使用珠光剂,另一种是使用珠光浆。

②调理洗发水:在普通洗发水的基础上添加各种调理剂,兼具洗发和护发功能。二合一洗发水就是其中的一种。

③去屑洗发水:头皮屑是由头皮功能失调(如细菌滋生、脂溢性皮炎、胶质细胞异常增生)引起的。头皮屑过多会滋生更多的细菌、真菌,引起头皮搔痒症状。因此,可以在洗发水中添加一些具有抑菌杀菌功效的活性成分来控制头皮屑。

④防晒洗发水:头发长期暴露于紫外线辐射会发生一些光化学反应,影响物理和化学性质。在普通洗发水的基础上添加一些防晒剂制成防晒洗发水,可以适当减少紫外线对头发造成的损伤。

8.2.2　洗发水的主要成分

目前,多数市售洗发水的主要成分有表面活性剂、增稠剂、防腐剂和香精等。

①主表面活性剂:阴离子型表面活性剂是洗发水最常用的主表面活性剂,常见的有月桂醇硫酸酯铵盐类、月桂醇聚醚硫酸酯钠盐类和磺基琥珀酸酯盐类。

②辅助表面活性剂:如氧化胺、烷醇酰胺和咪唑啉。

③调理剂:如阳离子瓜尔胶和乳化硅油。

④增稠剂和分散稳定剂:如电解质(氯化钠、氯化铵)和水溶性聚合物。

⑤珠光剂:如乙二醇(单)双硬脂酸酯。

⑥螯合剂:如乙二胺四乙酸二钠和乙二胺四乙酸四钠。

⑦酸度调节剂:如柠檬酸和乳酸。

⑧其他成分:如色素、香精和防腐剂。

8.2.3　洗发水的选用

①油性头皮干性发质:可以选择控油型洗发水。控油型洗发水可去除头发上

较多的油脂,使头发不至于过度下垂。

②有头皮屑干枯发质:应经常更换洗发水,选择去屑效果好的产品。

③干性受损发质(包括用化学处理过的头发):选用 pH 和头发接近的产品。

知识链接 | 头发及发用化妆品的 pH

头发及发用化妆品的 pH 见表 8-1。

表 8-1 头发及发用化妆品的 pH

物品	pH	物品	pH
头发	4.5～5.5	烫发剂	7.0～9.5
洗发水	4.0～10.0	染发剂	2.0～12.0
护发素	3.0～8.0	直发剂	11.5～14.0

8.3 护发素

护发素是指洗发后使用的护发产品,可通过吸附在毛发表面形成涂层,使毛发平滑,整体呈现出良好的状态。

健康头发表层的毛鳞片和自然分泌的油脂构成头发的天然保护膜。过多洗理、烫染、阳光曝晒都会破坏这层保护膜,导致水分流失,使头发干枯,失去弹性和柔软性。

使用护发素后,其中的阳离子(来自季铵盐)可以中和洗发水中残留的阴离子,留下一层均匀的单分子膜,使头发柔软、有光泽、易梳理、抗静电,能在一定程度上修复头发的机械损伤和化学烫、电烫及染发剂所带来的损伤。因此,经常使用护发素,可形成保护膜,防止或减缓水分流失,使头发免受伤害。

8.3.1 护发素的分类

①按形态分类:透明液体、乳液和膏体、凝胶状、气雾剂型和发膜剂型。

②按功能分类:正常头发用护发素、干性头发用护发素、受损头发用护发素、去屑护发素、有定型作用护发素、防晒护发素和染发后用护发素等。

③按使用方法分类:冲洗型护发素、焗油型护发素、免洗型护发素(含喷雾免洗型护发素)等。各类护发素的使用方法及适用范围见表 8-2。

表 8-2　各类护发素的使用方法及适用范围

类别	使用方法	适用范围
冲洗型护发素	冲洗	适合日常头发护理,是最常用类型
焗油型护发素	冲洗	适合严重受损头发的加强护理
免洗型护发素	免洗	不需冲洗,适合干发或湿发、全体或局部头发护理
喷雾免洗型护发素	免洗喷雾	适合干发或湿发、全体或局部头发护理

8.3.2　护发素的主要成分及作用

护发素的主要成分及作用见表 8-3。

表 8-3　护发素的主要成分及作用

成分	代表性原料	作用
阳离子型表面活性剂	二十二烷基三甲基氯化铵、双十八烷基二甲基氯化铵、硬脂酰胺丙基二甲基胺	吸附在毛发上,赋予毛发滑爽、滋润、柔软的感觉
油剂	鲸蜡醇、十八烷醇、氢化油菜籽油醇、聚二甲基硅氧烷、油酸、矿物油	滋润头发
护理成分	精氨酸、水解胶原蛋白、丝素蛋白	营养头发
乳化剂	PEG-80 氢化蓖麻油	使油剂呈稳定乳化状
增黏剂	羟乙基纤维素	调节黏度
去屑剂	吡罗克酮乙醇胺盐	防止头皮屑
稳定剂	甘油、丙二醇、丁二醇、乙醇	防冻
防腐剂	对羟基苯甲酸甲酯、山梨酸钾	防止微生物污染
pH 调节剂	柠檬酸、磷酸	调节 pH

8.3.3　使用时的注意事项

(1)过量使用护发素易导致头皮油腻

全头皮涂抹护发素既浪费护发素,也易造成头皮油腻。靠近根部的头发是新生的,较健康,靠近发梢的部分是老化、分叉、受损的。所以,洗净头发后,只需要从头发中段往发梢涂抹护发素,按摩约 1 min,使护发素均匀分布。油性头发只需要在较为干燥的发梢处使用护发素。

(2)护发素残留头皮危害多

护发素残留在局部潮湿的头皮上易滋生真菌(如糠秕马拉色菌)及细菌(如金黄色葡萄球菌),引起毛囊炎。另外,护发素中含有防腐剂、香料、表面活性剂等成分,有的甚至含有芳香烃类致癌物。这些物质长期吸附于头皮,轻则刺激头皮引起过敏,重则促进皮肤组织癌变。

8.4　烫发剂

烫发剂(图 8-3)也被称为烫发水,是将天然直发或卷曲的头发改变为所期望发型的化妆品。一般烫发剂为两剂一组混合使用,第一剂为软化剂,第二剂为定型剂。

市场上习惯将烫发剂分为五类:碱性烫发液、缓冲碱性烫发液、放热烫发液、酸性烫发液和亚硫酸盐烫发液。

图 8-3　烫发剂

知识链接 | *烫发的原理*

在维持角蛋白分子构象的各种多肽链间作用力中,最强固的是二硫键,所以烫发的关键是二硫键的断开与再连接。用卷发器卷上头发,可使角蛋白的多肽链处于拉长状态,使用还原剂(如巯基乙酸)可断开二硫键,使用氧化剂(如过氧化氢)可形成新的二硫键,从而使头发呈弯曲状态,如图 8-4 所示。

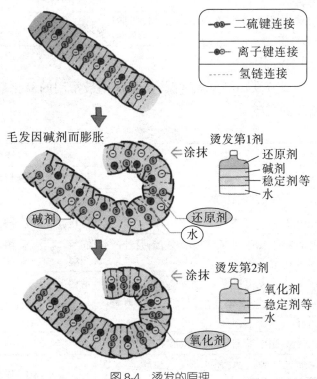

图 8-4　烫发的原理

8.4.1　烫发剂的主要成分

(1)软化剂的主要成分

软化剂的主要成分及作用见表8-4。软化剂中常用的还原剂是巯基乙酸,可起断裂二硫键的作用。巯基乙酸为无色至淡黄色液体,其市售产品有较强的令人不愉快的气味。所有含巯基的化合物中,烫发效果最好的是巯基乙酸,但其他含巯基的化合物对头发伤害较低,气味也较淡,有时也被一些产品采用。

表8-4　软化剂的主要成分及作用

主要成分	代表性原料	作用
还原剂	巯基乙酸、亚硫酸盐、巯基乙酸单甘油酯、半胱氨酸	破坏头发中胱氨酸的二硫键
碱化剂	氨水、三乙醇胺、碳酸铵、碳酸钠、碳酸钾	调节 pH
螯合剂	乙二胺四乙酸二钠、羟基乙叉二膦酸、二乙烯三胺五乙酸五钠	螯合金属离子,提高产品稳定性
表面活性剂	脂肪醇聚醚类、脂肪醇硫酸酯盐类	润湿作用
珠光剂	聚丙烯酸酯、聚苯乙烯、苯乙烯/丙烯酰胺共聚物	赋予软化剂珠光外观
调理剂	蛋白质水解物、季铵盐及其衍生物、脂肪醇、羊毛脂	减少烫发过程中头发的损伤

(2)定型剂的主要组成

定型剂的主要成分及功能见表8-5。定型剂中最常用的氧化剂是过氧化氢,其作用是修复断裂的二硫键。

表8-5　定型剂的主要成分及功能

主要成分	代表性原料	作用
氧化剂	过氧化氢	氧化作用,重新形成二硫键
酸性缓冲剂	柠檬酸、乙酸、乳酸、磷酸	调节 pH
稳定剂	六偏磷酸钠、锡酸钠、非那西丁	防止过氧化氢分解
表面活性剂	脂肪酸聚醚、山梨醇聚醚、脂肪酸酯、月桂醇硫酸酯铵盐	润湿,乳化,促溶,使定型剂充分润湿
增稠剂	卡波姆、羟乙基纤维素	增稠
调理剂	水解蛋白、聚二甲基硅氧烷、脂肪醇、聚季铵盐、甘油	调理
珠光剂	聚丙烯酸酯类、苯乙烯/丙烯酰胺共聚物	赋予定型剂珠光外观
螯合剂	乙二胺四乙酸二钠、羟基乙叉二膦酸、二乙烯三胺五乙酸五钠	螯合金属离子,提高产品稳定性

8.4.2　使用时的注意事项

①提前检查头发和头皮。如果头发或者头皮有损伤,就不应烫发,以免造成损伤,诱发头皮炎症。

②烫发次数不宜过多。一般情况下,一年内烫发不应该超过 4 次。青年女性烫发周期为 2 个月以上;中年女性烫发周期为 6 个月以上;老年女性烫发周期为 1 年以上。

③特殊人群不适合烫发。长期露天作业者不宜烫发。体弱多病者、传染病患者、正进行化疗的肿瘤患者等均不宜烫发。皮肤过敏者不宜烫发,因为烫发剂容易产生过敏反应。孕妇不宜烫发,因为烫发可能影响胎儿健康。儿童头皮娇嫩,烫发易弄破头皮,引发细菌感染,不宜烫发。

④选择 pH 接近中性的烫发产品。头皮的 pH 为 4.5～5.5。烫发产品的 pH 一般为 7.0～9.5,其 pH 越接近中性,对头皮的伤害越小。

8.5 染发剂

染发是现代化妆最常见的手段之一,是指利用化学染发剂或植物染发剂,将头发染成想要的颜色。现代社会,染发已经成为时尚,人们可以随心情改变发色,配合服饰和妆容,充分展示自己的个性。

染发剂是给头发染色的一种化妆品。根据染色的时间,染发剂可分为暂时性染发剂、半永久性染发剂和永久性染发剂。根据主要成分,染发剂可分为无机染发剂和合成染发剂。

8.5.1 化学染发剂

8.5.1.1 无机染发剂

早期的化学染发是先在头发上涂刷硝酸银溶液,然后涂抹硫化钠溶液,二者反应生成黑色硫化银黏附在头发上,使头发着色。

$$2AgNO_3 + Na_2S = Ag_2S\downarrow + 2NaNO_3$$

现在的无机染发剂主要是含有铅、铁、铜等金属元素的染料。作用机理:染发剂中的金属离子渗透到头发中,与头发中的半胱氨酸作用,生成黑色的硫化铅等物质,将头发染黑。

无机染发剂中的重金属离子易引起蓄积中毒,对人体的危害很大。慢性中毒初期,人感到疲倦、食欲缺乏、体重减轻等;严重者可能引发视觉障碍、再生障碍性贫血、高血压等疾病。

8.5.1.2 合成染发剂

染发剂一般由染料中间体(如对苯二胺)、耦合剂和氧化剂构成。

对苯二胺(图 8-5)能把头发染成黑色,对苯二胺磺酸(图 8-6)能把头发染成淡黄色。

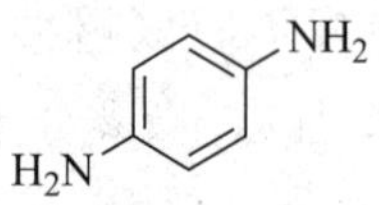

图 8-5　对苯二胺的结构式 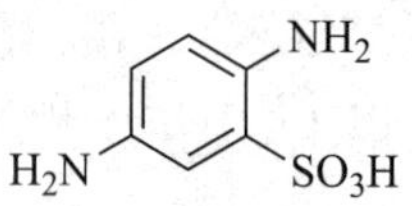　　　　图 8-6　对苯二胺磺酸的结构式

对苯二胺是常见的强致敏原之一,会导致皮肤过敏等多种疾病,还有致癌风险。染发剂直接接触皮肤,而且染发的过程中需要加热,易使对苯二胺类有机物质通过头皮进入毛细血管,然后随血液循环到达骨髓。对苯二胺类物质长期反复作用于造血干细胞易导致造血干细胞恶变,引起白血病。

8.5.2　植物染发剂

植物染发剂是指从植物(如何首乌、五倍子、当归、日本獐牙菜等)的花、茎、叶等部位提取出的可用于染发的物质。

由于植物染发剂的制作工艺较难控制,产率低,染发过程不稳定,不易渗透毛发皮质层,染色效果不理想,因此较少使用。

8.5.3　科学选用染发剂

①购买染发剂时,应选择包装完好、标志清楚,具备生产许可证号、特殊用途化妆品行政许可批准文号及执行产品标准号的产品。

②染发时,应选择合法、正规、信誉度高,美发师具有从业资格的美发场所。

③为防止染发剂沾染皮肤,染发前应先在皮肤上涂一层防护产品。如果自己染发,则必须戴上手套,避免皮肤直接接触染发剂。

④染发后应彻底清洗头发和头皮。注意:冲洗时不可用力抓挠。

⑤不要使用开封半年以上的染发剂。

⑥2 次染发间隔应在 3 个月以上。

⑦切忌同时使用不同品牌的产品,因为它们可能会发生化学反应,生成有毒物质,增大过敏概率。

⑧染发前 1~2 周需要加强头发护理,以减少染发剂对头发的伤害。

⑨染发前 1 周应使用具有深层清洁效果的洗发水,不要使用洗护合一的洗发水,也不要使用护发素,因为这些产品会在毛发外形成保护膜,阻挡染发剂进入,影响染发效果。

⑩染发前 2 天尽量不要洗头,让毛发分泌油脂,形成天然保护膜以保护毛囊。染发前 48 h 应对染发剂做局部过敏试验。

⑪染发后 2 周内应持续护发,补充头发流失的蛋白质及水分。

◥ 阅读材料 ◤

烫发发展简史

早在公元前 3000 年的古埃及时代，人们就尝试将潮湿的头发卷在木棒上用黏土固定，然后在日光下晒干，这称为黏土烫。

之后，又出现了一种烫发工具——半圆形金属钳子。这种金属钳子必须先在火上烤热后才可以烫发，所以称为火烫。

1870 年，法国理发师马塞尔·格拉托发明了一种药剂。将它涂在头发上后，用电热夹子来加热，可以使头发卷曲。

1906 年，卡尔·内斯勒发明热烫。将氢氧化钠涂于头发上，利用加热器加热（一般超过 100 ℃），可以使头发卷曲。

1934 年，斯皮克曼改用无机还原剂——亚硫酸钠作为烫发剂进行热烫。现代烫发剂已很少将亚硫酸钠作为主要原料。

1941 年后，有机还原剂的发现使得二硫键能够在不加热的情况下断裂。而二硫键的重新连接可通过简单的氧化反应实现（使用过氧化氢）。至此，冷烫技术面世。

1995 年，陶瓷烫传入中国，中国开发了第一款热能烫发剂。

2002 年，由于数码烫的诞生，中国研发出第一款数码烫用烫发剂。数码烫是目前较多采用的一种烫发技术。

第9章 口腔清洁用品

口腔清洁用品指用于口腔或牙齿清洁的精细化工产品,包括牙膏、漱口水、口腔喷雾剂、牙线等。刷牙、漱口、使用牙线或美白洁牙擦、洗牙等是维护口腔健康的重要方式。2019年,中国牙膏及其他口腔清洁用品累计出口数量超21万吨,同比增长12.0%,累计出口金额为51493万美元,同比增长8.5%。随着经济的发展和生活水平的提高,人们对口腔健康的重视程度也越来越高。

9.1 口腔与牙齿

9.1.1 口腔的结构

口腔是消化道的起始部分。口腔内有牙、舌等器官。口腔的前壁为唇,侧壁为颊,顶为腭,口腔底有黏膜和肌等结构。口腔借上、下牙弓分为前外侧部的口腔前庭和后内侧部的固有口腔。

口腔卫生的重点在于控制牙菌斑,消除污垢和食物残渣,增强生理刺激,使口腔和牙颌系统有一个清洁健康的良好环境,从而发挥其生理功能。

9.1.2 牙齿的结构与功能

牙齿是人类身体最坚硬的器官,由牙釉质、牙本质、牙骨质硬组织和牙髓腔内部的牙髓组织构成,主要成分为羟基磷灰石。自齿外部观察,可分为三部分,分别为牙冠、牙根和牙颈。

人的一生有乳牙(共20颗)和恒牙(28~32颗)两副牙齿。恒牙可按形状和功能分为切牙、尖牙和磨牙,如图9-1所示。其中:切牙、尖牙分别用于咬切和撕扯食物;前磨牙的功能介于尖牙和磨牙之间;磨牙能磨碎食物。

牙齿不仅能咀嚼食物,帮助发音,而且还影响人的面容。牙弓形态和咬合关系正常可使人的面部和唇颊部显得丰满。而当人们讲话和微笑时,整齐而洁白的牙齿更能显现人的健康和美丽。相反,如果牙弓发育不正常,牙齿排列紊乱,参差不齐,面容就可能显得不协调。如果牙齿缺失太多,唇颊部失去支持而凹陷,就会使人显得苍老、消瘦。

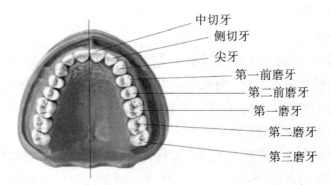

中切牙
侧切牙
尖牙
第一前磨牙
第二前磨牙
第一磨牙
第二磨牙
第三磨牙

图 9-1　恒牙的分类

9.1.3　龋齿

龋齿俗称虫牙、蛀牙,是一种由口腔中多种因素复合作用导致的牙齿硬组织进行性病损,表现为无机质脱矿和有机质分解。龋齿是细菌性疾病,因此它可以继发牙髓炎和根尖周炎,甚至能引起牙槽骨和颌骨炎症。如不及时治疗,病变继续发展,形成龋洞,可使牙冠被破坏、消失。需要注意的是,未经治疗的龋洞是不会自行愈合的。因此,发现龋齿应及时就医。

(1)龋齿的发病特点

龋齿是发病率高、分布广的常见口腔病,也是人类最普遍的疾病之一。世界卫生组织已将龋齿与癌肿、心血管疾病并列为人类三大重点防治疾病。

(2)龋齿的临床表现

从外观上看,龋齿有色、形、质的变化,色、形变化是质变的表现形式。随着病程的发展,病变由牙釉质进入牙本质,牙组织不断被破坏、崩解而逐渐形成龋洞。临床上,常根据龋坏程度将龋齿分为深龋、中龋、浅龋,如图 9-2 所示。

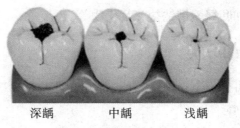

深龋　　　中龋　　　浅龋

图 9-2　龋齿的临床表现

(3)龋齿的病因

目前,公认的龋齿病因学说是四联因素学说。四联因素主要包括细菌、食物、宿主和时间。四联因素学说认为,致龋性食物(糖,特别是蔗糖和精制碳水化合物)紧紧贴附于牙面由唾液蛋白形成的获得性膜上,在适宜温度下,有足够的时间在牙菌斑深层产酸,侵袭牙齿,使之脱矿,进而破坏有机质,产生龋洞。

(4)龋齿的预防

①早晚刷牙,养成饭后漱口的好习惯。

②少吃酸性、刺激性食物,临睡前不吃零食。

③少吃含糖分高的食物,如糖、巧克力、饼干等。

④少吃过于坚硬的食物,以免牙齿磨损。

⑤定期检查口腔,一般 12 岁以上人群应每年检查一次。

⑥日常饮食中应注意摄入足量富含钙、无机盐等营养元素的食物,尽可能食用富含膳食纤维的食物。

9.2 牙膏

牙膏是用于清洁牙齿、保护口腔卫生的日用必需品。牙膏一般呈凝胶状,通常会抹在牙刷上,借助牙刷的机械摩擦作用对牙齿进行清洁。

9.2.1 牙膏的主要成分

牙膏通常由摩擦剂、保湿剂、表面活性剂、增稠剂、甜味剂、防腐剂、活性添加物、色素、香精等混合而成。

①摩擦剂:如轻质碳酸钙、磷酸氢钙、焦磷酸钙、二氧化硅和氢氧化铝等。

②保湿剂:如甘油、山梨醇、丙二醇、聚乙二醇和水等。

③表面活性剂:如十二醇硫酸钠、2-酰氧基磺酸钠和月桂酰肌氨酸钠等。

④增稠剂:如羧甲基纤维素、羟乙基纤维素、黄原胶、瓜尔胶和卡拉胶等。

⑤甜味剂:如木糖醇、甜蜜素和糖精钠等。

⑥防腐剂:如山梨酸钾和苯甲酸钠等。

⑦活性添加物:如叶绿素铜钠盐和氟化物等。

9.2.2 牙膏的分类

目前,市售牙膏可分为普通牙膏、含氟牙膏和药物牙膏三大类。下面主要介绍含氟牙膏和药物牙膏。

(1)含氟牙膏

含氟牙膏添加有氟化钠、氟化亚锡、单氟磷酸钠、氟化锌等成分,对预防龋齿有效。其预防龋齿的机理主要有 2 种:a. 接触到釉质(牙齿外层白色坚硬部分)的氟离子嵌入羟基磷灰石的晶体结构内,与釉质上某些羟基磷灰石分子中的氢氧根离子发生交换,增强牙齿的耐酸能力。b. 氟化物促进钙及磷酸盐的沉淀,以"修补"被细菌破坏的釉质。

含氟牙膏适合低氟地区、适氟地区人群以及龋齿高发地区的高危人群使用，高氟地区人群不适合使用含氟牙膏。

(2)药物牙膏

药物牙膏是指在普通牙膏中加入某些具有治疗效果的药物制成的牙膏，也称为功效牙膏。目前，市售的药物牙膏有抗菌消炎类牙膏、抗过敏类牙膏、去垢增白类牙膏、除臭类牙膏和中药牙膏。

①抗菌消炎类牙膏：牙膏中加入某些化学药物，以达到抑菌消炎的作用。对由炎症引起的口臭、牙龈出血、牙周炎等有一定的效果，但不宜长期使用。

②抗过敏类牙膏：含有抗过敏药物，对牙齿过敏症状有一定的缓解作用。某些抗过敏类牙膏可直接涂抹于敏感牙齿上，迅速舒缓牙敏感。

③去垢增白类牙膏：含有某些可以预防牙结石形成的药物，使牙垢在牙齿表面不易沉积，更易去除。

④除臭类牙膏：含有用于消炎和缓解口臭的药物。

⑤中药牙膏：部分中药牙膏的活性成分能有效改善牙周组织和口腔黏膜的血液循环，提高牙周组织和口腔黏膜的养分供给，增强牙齿、牙周组织和口腔黏膜的抗病能力，还能迅速制止牙龈出血，预防牙龈炎、牙周炎、牙龈萎缩等口腔疾病，全面保护牙齿和牙周组织。

9.2.3　牙膏的选用

①早晚分别选用不同功能的牙膏。白天所用的牙膏应该注重清洁功能，用于去除异物和异味，提高牙龈组织的抗病能力。晚上用的牙膏应以抑菌杀菌为主，用于减少可供细菌滋生的营养物质，预防龋齿。

②为了保护口腔健康，应该经常更换牙膏的种类，普通牙膏和药物牙膏应交替使用，最好 3 个月左右换一次牙膏。

9.3　其他口腔清洁用品

9.3.1　牙刷

牙刷是一种清洁用品，为手柄式刷子，用于反复刷洗牙齿的各个部位，以保持口腔卫生。

(1)牙刷的分类

①普通牙刷：刷柄采用塑料、竹子等材料，刷丝采用尼龙、竹纤维等材料制成的牙刷。

②喷雾牙刷:配合雾化液体牙膏使用。用喷雾牙刷刷牙时,不管刷毛如何抖动,牙膏都能完全与牙齿接触。

③电动牙刷:依靠刷头振动、旋转来清洁牙齿。

④超声波牙刷:利用超声波清洁牙齿的牙刷。目前,市面上很多"超声波牙刷"并不能产生超声波,只是每秒振动次数与声波频率数量级相当,所以严格来说应称为电动牙刷。

(2)牙刷的科学使用

①每次用完牙刷后要彻底清洗,并将水分尽量甩去,将牙刷头朝上放在漱口杯里,置于通风处,尽可能使牙刷保持干燥。

②可同时购买2把或3把牙刷轮换使用,使牙刷的干燥时间延长。这样做对牙龈炎和牙周炎患者来说尤其重要。另外,轮换使用也能保持牙刷毛的弹性。

③刷毛已散开或卷曲、失去弹性的牙刷必须及时更换。至少每3个月更换一把牙刷。

④牙刷不能与他人合用,以防相互传染疾病。

9.3.2　漱口水

漱口是清洁口腔的方式之一。在有效刷牙的基础上使用漱口水,比单独刷牙能更有效地控制牙菌斑。漱口水可以深入口腔各部位,抑制可引起口臭的细菌,减少牙菌斑,改善牙龈健康。

中国是世界上最早使用漱口水的国家。《礼记》中有"鸡初鸣,咸盥漱"的记载。这是我国最早记录漱口的文献,说明我国人民早在2000多年前就已有人每天早上用盐水漱口了。

(1)漱口水的功效

①清洁口腔,减少牙垢。

②抑制细菌,减少牙菌斑。

③清除异味,使口气清新。

④预防口腔疾病,如减少龋齿和牙龈问题。

(2)漱口水的常见种类

漱口水可以根据用途分为清洁型漱口水和功能型漱口水,也可以根据主要原料分为化工原料漱口水和天然成分漱口水。市场上的漱口水种类多样,下面介绍一些常见的漱口水种类。

①含氟漱口水:含有0.05%的氟化钠,能为有需要的人群提供额外的氟化物。每天使用一次能为牙齿提供额外的保护,有效预防蛀牙。

②防牙菌膜漱口水:主要成分有三氯生、麝香草酚、十六烷基氯化吡啶等,有

助于防止牙菌膜积聚,避免牙龈发炎。但是,防牙菌膜漱口水对预防牙周病的功效还未得到证实。

③抑制牙菌膜漱口水:葡萄糖酸氯己定被证实能有效抑制牙菌膜滋长,防止牙周病。但是,如果长期使用此类漱口水,会令牙渍容易沉积于牙齿表面,影响味觉,导致复发性口疮。

④防敏感漱口水:主要化学成分(如硝酸钾)能封闭牙本质的微细管道,令牙齿敏感程度降低。但是,防敏感漱口水不应长期使用。

⑤草本漱口水:添加茶叶提取物(含儿茶素等物质),具有杀菌、抗龋、抗氧化功效。儿茶素可渗入牙缝、牙洞,有效抑制细菌,保护口腔健康。

⑥传统中草药类漱口水:由药食两用类中草药(藿香、香薷、丁香等)精制而成,老幼皆宜。

(3)功能型漱口水的消炎、杀菌成分

①精油:有杀菌消毒作用,副作用小,可以长期使用。精油含有 26.9% 的乙醇,禁用于不能忍受高浓度酒精的患者。

②三氯生:具有广谱、高效、无任何刺激性味道等突出优点,对口腔中有害菌具有高效抑制作用,且无刺激感,无苦味。

③甲硝唑和替硝唑:甲硝唑具有广谱抗厌氧菌和抗原虫的作用,临床主要用于预防和治疗厌氧菌引起的感染。替硝唑是疗效更高、疗程更短、耐受性更好的硝基咪唑类抗厌氧菌和抗原虫药。

④氯己定:应用最广、抗菌能力最强的双胍类消毒剂。漱口水中氯己定含量一般为 0.2%。氯己定对革兰氏阳性菌的抑制效果强于革兰氏阴性菌。氯己定的缺点是可引起牙面和舌黏膜着色,还可能引起味觉障碍。

⑤过氧化氢(双氧水):强氧化剂,具有防腐、灭菌、除臭和清洁功能,长期应用可产生牙釉质脱矿和黑毛舌等副作用。洗牙前用过氧化氢含漱,有利于减少喷雾造成的污染。1.5% 过氧化氢对去除口臭有独特疗效。

(4)使用时的注意事项

①清洁型漱口水的主要成分是口腔清新剂,用于去除口臭,一般口感比较舒适,因此无需特殊指导,使用人群也无限制。

②功能型漱口水含有氯己定等消炎、杀菌的药物成分,需要在医生的指导下有选择地使用,不能自行长期使用。

③儿童(特别是尚不能控制吞咽动作的幼儿)慎用漱口水,以免误吞。

9.3.3　牙线

牙线(尼龙线、丝线或涤纶线)可用于清除牙缝的牙菌斑和食物碎片,有助于防止牙菌斑的形成。

常见牙线品种：含蜡牙线、不含蜡牙线、聚四氟乙烯牙线、带棒牙线、矫味剂牙线（如薄荷味牙线、水果味牙线）和无味牙线等。

牙线的应用：最好每日使用一次，特别是晚饭后。使用牙线时切勿用力过大，以免损伤牙龈。

9.3.4 美白洁牙擦

美白洁牙擦是由纳米密胺泡绵制成的新型口腔清洁用品。美白洁牙擦具有自然抗菌效果，不含任何化学清洗剂，无毒无害，材质柔软、细密，不伤牙釉，适合清洁牙齿表面的烟渍、咖啡渍和茶渍。

▼ 阅读材料 ▶

中国人的口腔清洁简史

关于中国人何时形成刷牙的习惯这个问题，不少史书中提到唐朝时已流行刷牙。但是，经考证，唐朝更为流行的不是刷牙而是揩齿或漱口。

大概最晚在东晋时期，人们已经知道用盐末揩齿的方法来清洁牙齿了。在敦煌壁画中有不少反映揩齿的画面。据王惠民先生统计，敦煌壁画中的揩齿图至少有 14 幅，最早的揩齿图见于中唐时期第 154、159、186、361 窟的《弥勒经变》。

总体上看，五代以前，揩齿这种方式都不常见。据推测，揩齿是受佛教生活的影响而形成的一种清洁口腔的生活方式。

宋朝时期，许多医书均对揩齿与牙齿保健做过全面详细的说明：

①指出揩齿与身体健康息息相关。若牙齿不好，可能引起全身性疾病。正如民间经验所言，一个人健康与否可以从其牙齿的好坏上来判断。《圣济总录》卷一百二十一《揩齿》中提到："揩理盥漱，叩琢导引，务要津液荣流，涤除腐气，令牙齿坚牢，龂腊固密，诸疾不生也……或缘揩理无方，招风致病者，盖用之失宜，反以为害，不可不知也。"

②规定漱口、揩齿的时间与操作细节。这些记录主要见于《太平圣惠方》，如揩齿朱砂散的用法是每日早、晚各以温水漱口三五度，用药揩齿；揩齿龙脑散的用法是每日早晨及临卧揩齿。有时还提到每日二三次揩牙。可见彼时对于牙齿保健的重视已与今天并无二致。

③用于揩齿的"牙膏"名目繁多。古代当然没有"牙膏"这种说法，不过有与它功能类似的药物制品，名曰"劳牙散"或揩牙散，也可称为"牙粉"。

《红楼梦》中大观园内的公子、小姐们在漱口之前都会先用青盐擦一遍牙齿。这种青盐含杂质较多，不能食用但却可用于洁牙。揩齿用的青盐常被做成棱柱形状,方便使用。

除了直接使用手指,古人还会在揩齿时使用揩齿布。我国大约在晚唐时就有揩齿布了。1987 年,考古队员在清理西安法门寺唐塔甬道时,在发掘的一块物帐碑中发现了"揩齿布一百枚"的字样。

19 世纪末,牙粉、牙膏与其他洋货一起进入中国,在城市流行开来。清末实行新政,鼓励、扶持商人兴办实业,其中就有牙粉厂。20 世纪初,较为知名的国产牙粉品牌有"地球牌""老火车牌"。

中国国产牙膏行业起步较晚。据记载,1922 年,位于上海的中国化学工业社生产了我国第一支管状牙膏。当时,上海是中国牙膏生产的中心。20 世纪 30 年代,上海有 16 家工厂及药房生产(兼产)24 种品牌的牙膏。1936 年,上海牙膏销售量达 60 万打[①]。到 20 世纪 40 年代,上海的牙膏厂增至 78 家,品种达 110 种。另外,在 1949 年以前,开放程度较高的天津地区也有 9 家牙膏、牙粉厂,广州有 7家牙膏厂。据统计,民国时期有近百家工厂生产过 120 余种牙膏。20 世纪 60 年代,虽然国产牙膏产量更多了,但价格还是比牙粉贵不少。

除了牙膏,常用的口腔清洁用品还有口香糖、漱口水,它们也是舶来品。国人对它们的使用也是近几十年的事了。不过,其推广速度很快,竞争也相当激烈。

近年来,为了满足清新口气的需求,口香糖、漱口水、口腔喷雾、口腔爆珠等产品层出不穷。人类在避免异味、追求香气的"文明进程"中尽显高招!

牙膏的发展简史

最早的牙膏是古埃及人发明的。2003 年,人们在奥地利国家图书馆的地下室中发现了一张古埃及莎草纸,上面描述了一种可以亮白牙齿的粉末。这些粉末由岩盐、鸢尾干花、薄荷和胡椒制成,遇到唾液会变成膏状物,能够清洁牙齿。

唐朝时期,中国人常用天麻、藁本、细辛、沉香、寒水石等中药研粉,用于清洁牙齿,除去口中异味。

到了 18 世纪,英国首先开始牙粉的工业化生产。至此,牙粉成为一种商品。

1893 年,维也纳人塞格发明了牙膏,并将其装入软管。从此,牙膏开始快速发展并逐渐取代牙粉。

20 世纪 40 年代起,牙膏工业得到很大的发展。新的摩擦剂、保湿剂、增稠剂和表面活性剂的开发和应用使牙膏产品质量不断升级。

1945 年,美国在以焦磷酸钙为摩擦剂、焦磷酸锡为稳定剂的牙膏中添加氟化亚锡,研制出世界上第一支含氟牙膏。

---

①打:此处为量词,由英文 dozen 音译而来。12 个为一打。

牙刷的发展简史

世界上第一把现代牙刷是明孝宗朱祐樘在 1498 年发明的。明孝宗发明的这种牙刷以野猪鬃为牙刷毛,以兽骨为牙刷柄。

在欧洲,牙刷是由英国皮匠威廉·艾利斯于 1780 年发明的。进入 19 世纪后,牙刷才广泛流行。

1938 年,杜邦化工推出以合成纤维代替动物鬃毛的牙刷。第一支以尼龙纱线作刷毛的牙刷于同年 2 月 24 日上市。

第一支电动牙刷名为“Broxodent”,开发于 1954 年,由施贵宝制药于 1959 年美国牙医协会一百周年纪念时推出。

2003 年 1 月,根据勒梅尔森-麻省理工发明指数测评,牙刷获选为“美国人生活不可或缺的发明”第一位。

第10章　服装与化学

根据《服装术语》(GB/T 15557—2008),服装是穿于人体起保护和装饰作用的制品,又称为衣服。现代社会,服装逐渐成为人们展示个人魅力的生活必需品。

10.1　服装的发展历程

中国服装历史悠久,可追溯到远古时期。在北京周口店猿人洞穴曾发掘出骨针。浙江余姚河姆渡新石器时代遗址中,也有管状骨针等物出土。可以推断,这些骨针是当时缝制衣服用的。

(1)新石器时代

进入新石器时代后,随着纺织技术的发明,人们开始使用人工织造的布帛作为服装材料,服装的形式和功能随之发生相应变化。贯头衣和披单服等服装成为当时典型的衣着,饰物种类也日趋繁复,为服饰制度的形成奠定了基础。

(2)商周时期

由商朝到西周,区分等级的上衣下裳形制和冠服制度逐步确立。商朝时期,服装材料主要是皮、革、丝、麻。

(3)春秋战国时期

春秋战国时期,织绣工艺的巨大进步使服饰材料日益精细,"珠玉锦绣不鬻于市"的局面被打破,包括纺织业在内的手工业得到迅速发展。

在形式上,值得注意的是深衣和胡服。深衣有将身体深藏之意,既是士大夫阶层居家的便服,也是平民的礼服,男女通用。

(4)秦汉时期

秦汉服装面料仍重锦绣。绣纹多有山云鸟兽或藤蔓植物花样。织锦有各种复杂的几何菱纹以及织有文字的通幅花纹。

西汉建元三年(公元前138年)、元狩四年(公元前119年),张骞奉命两次出使西域,开辟了中国与西方各国的陆路通道,史称"丝绸之路"。中华服饰文化也由此走向世界。

西汉服装仍沿袭深衣形式,多为上衣和下裳分裁合缝连为一体,上下依旧不通缝、不通幅;外衣里面都有中衣及内衣,其领缘、袖缘一并显露在外。

(5)魏晋南北朝时期

受政权更迭、民族交流等因素的影响,服饰在改易中得到发展。其过程大致可分 2 个阶段：魏晋时期，等级服饰有所变革；南北朝时期，民族服饰大为交融。冠帽已多用幅巾代替。"褒衣博带"成为魏晋世俗之尚。

南北朝时期，北方游牧民族入主中原，文化风习相互渗透，服饰也因此发生变化：袴褶等服装渐成主流，不分贵贱，男女都可穿着。

(6)隋唐时期

隋唐时期，经济文化繁荣，服饰（包含衣料和服式）的发展呈现出一派空前灿烂的景象。当时，殷实人家多用丝绸（经多种工艺处理）制衣。

①彩锦：五色俱备，织成种种花纹的丝绸。最常见的是成都小团窠锦，常用作半臂和衣领边缘服饰。

②彩绫：本色花或两色花，用于官服。

③刺绣：有五色彩绣和金银线绣。另外还有堆绫贴绢法。

④泥金银绘画：用金粉、银粉画在衣裙材料上。

⑤印染花纹：分多色套染和单色染。

平民百姓虽然也可以用普通的素色丝绸，但主要使用麻布类织物。

(7)宋辽夏金元时期

这一时期，服装大体有两类：一类是传统服装的继承和发展，以旋袄最有代表性，流行也最广泛。另一类是对周邻少数民族服饰的吸收，以吊敦最有代表性。吊敦是女子的袜裤，没有裤腰，两腿分离。

(8)明朝时期

明太祖朱元璋根据汉族的传统，重新制定了服饰制度。由于明代政府非常重视农业，推广植棉，棉布得到普及，普通百姓的衣着也得到了改善。

(9)清朝时期

清朝时期，丝纺绣染的发展为服饰品种的丰富创造了条件，由此形成了炫耀财势重于艺术表现的服饰特点。身着京样高领长衫，外套短褂、坎肩（背心），头戴瓜皮小帽，手持"京八寸"小烟管，腰带上挂满刺绣精美的荷包、扇袋、香囊等饰物，可算是当时的时髦打扮。

10.2 天然纤维

作为服装三要素之一，面料不仅可以诠释服装的风格和特性，而且直接影响服装色彩、造型的表现效果。在近代化学工业发展之前，用来制作服装的原料基本都是天然原料，包括棉、麻、丝、毛等纤维。

10.2.1 纤维的分类

纤维是指由连续或不连续的细丝构成的物质，根据来源可分为天然纤维和化学纤维(图 10-1)。天然纤维是自然界存在的,可以直接取得,包括植物纤维和动物纤维。

$$
纤维\begin{cases}
天然\\纤维\begin{cases}
植物纤维\begin{cases}
棉:长绒棉、粗绒棉、细绒棉等\\
麻:苎麻、黄麻、亚麻等
\end{cases}\\
动物纤维\begin{cases}
丝:桑蚕丝、柞蚕丝、天蚕丝等\\
毛:羊毛、兔毛、骆驼毛等
\end{cases}
\end{cases}\\
化学\\纤维\begin{cases}
人造纤维:黏胶纤维、醋酯纤维、铜氨纤维、再生纤维素纤维、\\
\quad\quad\quad 再生蛋白质纤维、再生淀粉纤维、再生合成纤维等\\
合成纤维:涤纶、锦纶、维纶、腈纶、丙纶、氯纶等
\end{cases}
\end{cases}
$$

图 10-1　纤维的分类

10.2.2　棉纤维

图 10-2　成熟的棉花

棉纤维是棉花种子上覆盖的纤维。棉花(图 10-2)的原产地是印度和阿拉伯,宋末元初才大量传入内地。在棉花传入之前,中国没有可以织布的棉花。我们在古装影视剧中看到的秦汉时期服装表面都很粗糙,主要原因是那时服装的面料大部分都是麻。

棉纤维具有许多优良经济性状,是目前最主要的纺织工业原料。棉纤维的主要组成物质是纤维素(含量约 94%),另含有少量多缩戊糖、蜡质、蛋白质、脂肪、水溶性物质、灰分等物质。

(1)棉纤维的特点

棉纤维强度高,透气性好,抗皱性差,拉伸性也较差;耐热性较好,仅次于麻;耐酸性差,在常温下耐稀碱;对染料具有良好的亲和力,染色容易,色谱齐全,色泽也比较鲜艳。

(2)棉型织物的特点

棉型织物是指以棉纱或棉与棉型化纤混纺纱线织成的织物。棉型织物具有以下特点:a. 吸湿性强,缩水率较大(4%~10%)。b. 耐碱不耐酸。棉布对无机酸极不稳定(稀硫酸也会使其受到破坏)。c. 耐光性、耐热性一般。d. 不耐霉菌(微生物对棉型织物有破坏作用)。

(3)棉型织物的常见种类

①纯棉织物:由纯棉纱线织成,织物品种繁多,花色各异。纯棉织物透气性好,吸湿性强,穿着舒适,但水洗和穿着后易起皱、变形。

②黏胶纤维或富强纤维与棉混纺织物:一般采用 33%棉纤维、67%黏胶纤维或富强纤维混纺,主要品种有黏棉布、富强纤维棉织物。黏胶纤维或富强纤维与

棉混纺织物耐磨,强度高于黏胶纤维织物,吸湿性优于纯棉布,湿强度下降较少,手感柔软。

③涤棉织物:通常采用35%棉纤维与65%涤纶混纺。涤棉织物主要采用高支纱平纹组织织成,多用于制作轻薄的衬衫布、细平布、府绸等。涤棉布既有涤纶纤维强度高、弹性恢复性好的特性,又具备棉纤维吸湿性强的优点,易染色,洗后免烫、快干。

④维棉织物:由维纶与棉混纺而成的织物,吸湿性、通透性良好,且因维纶耐盐水腐蚀,故维棉织物适合制作内衣、内裤、睡衣等。维棉织物的缺点在于染色不够鲜艳,弹性较差,其主要品种有维棉平布、维棉细布及维棉格子布等色织布。

⑤丙棉细布:采用50%棉与50%丙纶混纺的平纹织物,其外观挺括,缩水率小,耐穿耐用,易洗,快干,具涤棉织物风格,但吸湿性、耐热性、耐光性较差,适宜制作外衣。

⑥丙棉麻纱:采用50%丙纶与50%棉或65%丙纶与35%棉混纺的薄织物,外观同棉麻纱织物,但吸湿性、耐光性、耐热性不如棉麻纱,适合制作夏季衬衫或军用雨衣、蚊帐等。

10. 2. 3　麻纤维

麻纤维历来是我国重要的纺织纤维之一,在世界上享有盛誉。麻纤维是从各种麻类植物中取得的纤维,包括一年生或多年生草本双子叶植物皮层的韧皮纤维和单子叶植物的叶纤维。韧皮纤维作物主要有苎麻、黄麻、苘麻、大麻、亚麻、罗布麻和黄红麻等。

(1)麻纤维的特点
①吸湿,透气,传热导热快,挺括,出汗不贴身。
②质地轻,强度大(居天然纤维之首)。
③不易产生静电。
④染色性能好,色泽鲜艳,不易褪色。
⑤对碱、酸都不太敏感,在氢氧化钠中可发生丝光作用,使强度增大。
⑥抗霉菌,防虫防霉,不易受潮发霉。
(2)麻型织物的分类
麻型织物的品种较少,主要有纯麻织物和麻混纺织物两类。纯麻织物包括苎麻织物和亚麻织物;麻混纺织物包括麻棉混纺(交织)织物、毛麻混纺织物、丝麻混纺织物、麻与化纤混纺织物。麻与化纤混纺织物中"三合一"混纺织物为麻与两种纤维混纺的织物,如涤毛麻。涤毛麻既有麻的风格,又有毛涤花呢弹性好、不易起皱、易洗免烫的特点。

10.2.4　丝纤维

丝纤维是指由蚕、蜘蛛等分泌的天然蛋白质纤维。丝纤维是所有纤维中最长的,具有滑润、柔软、半透明、易上色、色泽光亮、柔和等特点(可以概括为"长、滑、柔、透")。

蚕丝(图 10-3)是熟蚕结茧时所分泌丝液(蛋白质)凝固而成的连续长纤维,是自然界唯一可供纺织用的天然长丝。我国是世界上最早植桑、养蚕、缫丝、织绸的国家,相传黄帝之妃嫘祖始教民育蚕。考古发现,约 4700 年前中国已利用蚕丝制作丝线,编织丝带和简单的丝织物。商周时期,人们开始用蚕丝织制罗、绫、纨、纱、绉、绮、锦、绣等丝织物。

图 10-3　蚕茧和蚕丝

(1)丝织物的特点

丝织物有光泽,柔软平滑,拉力强,弹性好,不易折皱、起毛,不导电,还有吸湿、遇水收缩、卷曲的特点,适用于制作夏季服装及高雅华贵的礼服。

(2)丝织物的常见种类

①绫类:表面呈明显斜向纹路,"望之如冰凌之理",故称绫。

②罗类:应用罗组织构成的花素织物,如杭罗。

③绸类:织物采用平纹或各种变化组织,或同时混用其他组织,如绵绸。

④缎类:织物全部或大部采用缎纹组织的花素织物,表面平滑光亮、手感柔软,如软缎、绣锦缎。

(3)丝织物的鉴别

①优质蚕丝为乳白色(略黄),蚕丝表面有柔和光泽,不发黑,不发涩。

②点燃后有毛发烧焦的气味,燃烧时无火光。

③遇浓硝酸变黄。

④优质的蚕丝触感柔顺、滑腻,富有弹性,无团块。

⑤蚕丝强伸性能越好,品质越佳。同样长的蚕线,拉伸后越长,质量越好。

(4)丝织物的养护

①洗涤真丝衣物时应选用酸性或中性洗涤剂,采用手洗,洗后不能用力拧干,不能曝晒,应自然悬挂晾晒。

②汗湿的真丝衣物应立刻洗涤或用清水浸泡,不可用 30 ℃以上热水洗涤。

③晾至八成干后中温熨烫,除皱效果最佳。熨烫时反面朝上可保持光泽。忌喷水,以免留下水渍印痕。

④收藏时,应洗净、晾干、叠放,并用布包好,放在柜中。柜中不宜放樟脑。

10.2.5　毛纤维

毛纤维是指从动物身上取下的具有纺织价值的纤维,属于天然蛋白质纤维。

(1)毛纤维的种类和用途

①绵羊毛:覆盖在绵羊身上的毛,通常可以用作毛线和毛呢的原料。

②山羊绒:从山羊身上梳取下来的绒毛。山羊绒绒毛纤维内部结构无髓质层,长度为 30～40 mm,其强伸性能、弹性优于绵羊毛,具有轻、软、暖等优良特性。山羊绒通常用于制作羊毛衫,还可用于制作大衣、毛毯等服装。

③马海毛:安哥拉山羊毛,原产于土耳其。马海毛的形态与长羊毛相似,长度为 120～150 mm,强度高,光泽好,是做提花毛毯、长毛绒、顺毛大衣呢的理想原料。

④兔毛:兔毛的绒毛和粗毛都有髓质层,具有轻而细、保暖性好等优点,但纤维蓬松,抱合力小,强度较低,因此难以单独纺纱,多和羊毛或其他纤维制作混纺织物(主要是针织物)。

⑤骆驼绒:骆驼毛分为绒毛、两型毛及粗毛。其中,绒毛俗称驼绒,粗毛俗称驼毛。驼绒结构与羊毛相似,但纤维表面鳞片很少,具有强度高、光泽好、保暖性好等优点,可用于织造高级粗纺织物、毛毯和针织物。需要注意的是,双峰骆驼毛质量较好,单峰驼毛无纺纱价值。

(2)毛纤维制品使用注意事项

毛纤维是蛋白质纤维,特别容易被虫蛀蚀。收藏时,应洗净、晾干,放置适量的防蛀剂,注意通风,防潮湿。洗涤时,必须选用中性洗涤剂,将水温控制在 30～35 ℃,小心轻搓(不可用力),清水漂净,平铺晾干(不能曝晒)。

10.3　化学纤维

化学纤维是指以天然高分子化合物或人工合成的高分子化合物为原料,经过制备纺丝原液、纺丝和后处理等工序制得的具有纺织性能的纤维。

10.3.1　人造纤维

人造纤维是化学纤维的一种,是以天然聚合物为原料,经过化学处理与机械加工制得的化学纤维。人造纤维按化学组成可分为再生纤维素纤维、纤维素酯纤维、再生蛋白质纤维三类,其中最常用的是再生纤维素纤维。

再生纤维素纤维是指以天然纤维素(棉、麻、竹子等)为原料制造的性能更好的人造纤维。再生纤维素纤维具有以下优点:

①透气清凉。再生纤维素纤维面料具有良好的透气性(优于纯棉织物),被誉为“会呼吸的面料”,夏天穿着也不会感觉闷热,是理想的贴身织物。

②吸湿排汗。再生纤维素纤维是所有化学纤维中吸湿性最强的一种。其吸湿量高达 13%～15%,比棉纤维高出 6%～7%。在 12 种主要纺织纤维中,再生纤维素纤维的含湿量最符合人体皮肤生理要求。

③亲肤舒适。再生纤维素纤维面料具有棉的柔软、丝的光泽、麻的滑爽,光滑凉爽,舒适贴身,不易起静电。

④染色性能好。再生纤维素纤维比棉纤维更容易上色,且色彩纯正、艳丽、色牢度高,色谱也最齐全。

10.3.1.1　普通再生纤维素纤维

(1)黏胶纤维

黏胶纤维是以木材、棉短绒、甘蔗渣、芦苇为原料,以湿法纺丝制成的纤维。其基本化学组成与棉纤维相同,因此某些性能与棉相当,如吸湿性、透气性、染色性及纺织性等均较好,弹性、耐磨性、耐碱性较差。

黏胶纤维可分为棉型、毛型和中长型。其中:棉型黏胶短纤维俗称“人造棉”,可以织成各种色彩绚丽的人造棉布,适用于制作内衣、外衣以及装饰织物;毛型黏胶短纤维俗称“人造毛”,是毛纺厂不可缺少的原料;中长型黏胶纤维又称“人造丝”,可用于制作各种平滑柔软的丝织物。

黏胶纤维于 1905 年开始工业化生产,是化学纤维中发展最早的品种。由于原料易得、成本低廉、应用广泛,黏胶纤维目前在化学纤维生产中仍占有相当重要的地位。

(2)醋酯纤维

醋酯纤维是指以纤维素醋酸酯(由纤维素与乙酸酐反应生成)为原料制得的半合成纤维,包括二醋酯纤维和三醋酯纤维。

醋酯长丝光泽好,手感柔软、爽滑,有良好的悬垂性,真丝感强,适于制作内衣、浴衣、儿童服装、女性服装和室内装饰织物等,还可用于制作纸烟过滤嘴。醋酯短纤维常用于同棉、毛或其他合成纤维混纺。醋酯纤维织物易洗易干,不霉不蛀。具有透析功能的中空醋酯纤维可用于现代医疗(人工肾)和化学工业(净化及分离)等领域。

10.3.1.2 差异化再生纤维素纤维

(1)莱赛尔纤维

莱赛尔(Lyocell)纤维又称"天丝",是以针叶树为主的木浆与溶剂氧化胺混合,加热至完全溶解,除杂后直接纺制而成的纤维。莱赛尔纤维于20世纪90年代中期问世,被誉为近半个世纪以来人造纤维史上最具价值的产品。

莱赛尔纤维是一种全新的纺织面料。用这种纤维制成的衣物不仅光泽自然,手感滑润,强度高,基本不缩水,而且透湿性、透气性好。莱赛尔纤维织物具有良好的吸湿性、舒适性、悬垂性和硬挺度,染色效果良好,且能与棉、毛、麻、腈、涤等混纺,既可用于生产内衣,也可用于生产成衣。

(2)莫代尔纤维

莫代尔纤维的原料为木材,使用后可以自然降解。莫代尔纤维面料是一种天然的丝光面料,其吸湿性、透气性均优于纯棉织物,手感柔软,悬垂性好,穿着舒适,色泽光亮,常用于生产内衣,而较少用于成衣,因为较难达到定型塑形的效果。

(3)竹纤维

竹纤维是继大豆蛋白纤维之后我国自主研制并产业化的新型再生纤维素纤维。竹纤维是以毛竹为原料,在竹浆中加入功能性助剂,经湿法纺丝加工而成的纤维。纺丝原料竹浆粕来源于鲜竹,资源十分丰富。竹纤维废弃物土埋、焚烧不会造成环境污染,属于环保型纤维,可满足绿色消费的需求。

竹纤维织物具有良好的吸湿性和透气性,其悬垂性和染色性能也比较好,有蚕丝般的光泽和手感,且具有抗菌、防臭、防紫外线功能。随着消费者追求健康、天然的意识的不断增强,竹纤维受到了各大内衣生产厂商的追捧。

(4)铜氨纤维

铜氨纤维是将棉短绒等天然纤维素原料溶于氢氧化铜或碱性铜盐的浓氨溶液,配成纺丝液,在凝固浴①中分解再生出纤维素,再经加工而成的纤维。铜氨纤维的截面呈圆形,无皮芯结构,纤维可承受高度拉伸。由铜氨纤维制得的单丝较细,所以面料手感柔软,光泽柔和,有真丝感。铜氨纤维的吸湿性与黏胶纤维相当,其公定回潮率②为11%,在一般大气条件下回潮率可达13%。在相同的染色条件下,铜氨纤维的染色亲和力较黏胶纤维强,上色较深。铜氨纤维的干态强度与黏胶纤维相当,湿态强度高于黏胶纤维,耐磨性优于黏胶纤维。铜氨纤维细软,

---

①凝固浴:制造化学纤维时,使纺丝胶体溶液凝固或起化学变化而形成纤维的浴液。
②公定回潮率:为满足贸易和检验等要求,对纤维材料及其制品所规定的回潮率。

光泽适宜,服用性能优良(接近丝绸),吸湿性好,极具悬垂感,常用于制作高档丝织物或针织物。

知识链接｜ *纤维的基本常识*

1. 旦[尼尔]

旦[尼尔]是一种表示纤维粗细的单位,指 9000 m 长的纱线或纤维在公定回潮率时的质量(数值),符号为 D。例如:若 9000 m 长的纤维重 600 g,则该纤维称为 600 D 的纤维。若 9000 m 长的纱线重 600 g,则该纱线称为 600 D 的纱线。数字越大,纱线或纤维越粗。

2. 丝、纤、纶

不论是人造纤维,还是合成纤维,长度为 76 mm 以上的长纤维均称为"丝"。国产的人造丝有 70 D 和 120 D 两种标准。长度为 5～33 mm 的人造纤维称为"纤",合成纤维称为"纶"。

10.3.2　合成纤维

合成纤维是由合成的高分子化合物制成的,常用的合成纤维有涤纶、锦纶、腈纶、氯纶、维纶、氨纶,简称"六大纶"。

(1)涤纶

涤纶(1941 年发明)的学名为聚对苯二甲酸乙二酯,简称聚酯纤维,是当前合成纤维的第一大品种。"涤纶"是其在中国的商品名称。由于原料易得、性能优异、用途广泛,涤纶发展非常迅速,产量已居化学纤维的首位。

涤纶具有很好的抗皱性和保形性、较高的强度与弹性恢复能力,坚牢耐用,质量稳定。涤纶具有较好的化学稳定性,在正常温度下,不会与弱酸、弱碱、氧化剂发生作用。涤纶的缺点是吸湿性极差。由涤纶纺织的面料穿在身上发闷,不透气。另外,由于涤纶表面光滑,抱合力小,经常摩擦之处易起毛、结球。

涤纶既可以纯纺,也适合与其他纤维混纺:既可与天然纤维如棉、麻、羊毛等混纺,也可与其他化学短纤维如黏胶纤维、醋酯纤维、腈纶等混纺。

(2)锦纶

锦纶的学名为聚酰胺纤维,有锦纶-66、锦纶-1010、锦纶-6 等不同品种。"锦纶"是其在中国的商品名称。锦纶是世界上最早的合成纤维品种,其性能优良,原料资源丰富,一度是合成纤维中产量最高的品种。直到 1970 年,由于涤纶迅速发展,锦纶退居合成纤维的第二位。

锦纶的最大特点是强度高、耐磨性好。锦纶的缺点与涤纶相同:吸湿性和通透性都较差。在干燥环境下,锦纶易产生静电,其短纤维织物也易起毛、起球。锦纶的耐热、耐光性也不够好,熨烫承受温度在 140 ℃以下。此外,锦纶的保形性差,用其制成的衣物不如涤纶挺括,易变形,但比较贴身。

(3)腈纶

腈纶是聚丙烯腈含量高于 85% 的合成纤维,其学名为聚丙烯腈纤维。"腈纶"是其在中国的商品名称。腈纶一般呈白色,卷曲,蓬松,手感柔软,酷似羊毛,多用来和羊毛混纺或作为羊毛的替代品,故又被称为"合成羊毛"。

腈纶具有柔软、蓬松、易染、色泽鲜艳、耐光、抗菌、不怕虫蛀等优点。腈纶的耐磨性是合成纤维中较差的,吸湿性也不够好,但润湿性比羊毛、丝纤维好。

腈纶可纯纺,也可混纺,其纺织物广泛应用于服装、装饰等领域。腈纶可与羊毛混纺成毛线或织成毛毯、地毯,也可与棉、人造纤维及其他合成纤维混纺,织成各种衣料和室内用品。腈纶可以纯纺,或与黏胶纤维混纺。

(4)维纶

维纶的学名为聚乙烯醇缩甲醛纤维。"维纶"是其在中国的商品名称。

维纶的性能接近棉花,有"合成棉花"之称,是现有合成纤维中吸湿性最强的品种。维纶的强度比锦纶和涤纶差,化学稳定性好,不耐强酸,耐碱,在一般有机酸、醇、酯及石油等溶剂中不溶解,不易霉蛀。维纶的耐日光性与耐气候性也很好,即使在日光下暴晒强度损失也不大,但它只耐干热,不耐湿热。维纶的收缩弹性差,织物易起皱,染色性较差,色泽不鲜艳。维纶织物穿着舒适,常用于制作外衣、棉毛衫裤、运动衫等针织物,多和棉花混纺成细布、府绸、灯芯绒等。

(5)氯纶

氯纶是由聚氯乙烯或其共聚物制成的合成纤维,其学名为聚氯乙烯纤维。"氯纶"是其在中国的商品名称。氯纶的研究始于 1913 年,但其工业化生产是 20 世纪 50 年代开始的。氯纶原料丰富,生产流程短,是合成纤维中生产成本最低的一种。

氯纶的突出优点是难燃、保暖、耐晒、耐磨、耐蚀和耐蛀。氯纶的弹性也很好,可用于制造工作服、毛毯、滤布、帐篷等。氯纶的缺点比较突出,即耐热性极差。由于染色性差,热收缩大,氯纶的应用受到了限制,可将其与其他纤维品种共聚(如维氯纶),或与其他纤维(如黏胶纤维)进行乳液混合纺丝。

(6)氨纶

氨纶的学名为聚氨酯弹性纤维。"氨纶"是其在中国的商品名称。氨纶是一种具有特别的弹性性能的化学纤维,已工业化生产,是发展最快的弹性纤维。

氨纶弹性优异,耐酸碱性、耐汗性、耐海水性、耐干洗性、耐磨性均较好。氨纶纤维一般不单独使用,而是少量地掺入织物中,与其他纤维合股或制成包芯纱,用于织制弹力织物,如专业运动服、健身服、潜水衣、游泳衣、紧身裤、内衣、连体衣、表演服等。

以上 6 种合成纤维各有优缺点(表 10-1),可根据用途选用。

表 10-1　六种合成纤维的优缺点

品种		主要特性	
商品名	别名	优点	缺点
涤纶	的确良	强度高,弹性好,耐腐蚀,耐磨,挺括不皱,免烫快干,电绝缘性良好	染色性差,易起球,吸湿性、透气性不好
锦纶	尼龙	耐磨,强度高,弹性好,比重小,耐腐蚀,不怕虫蛀,着色性好	保形性较差,耐光性、耐热性较差
腈纶	人造羊毛	蓬松,柔软,耐热,保暖性好	易带静电,易燃,耐碱性较差
维纶	维尼纶	耐磨,吸湿性、透气性好,耐腐蚀,耐虫蛀霉烂,耐日晒	弹性、染色性较差,耐热水性不够好
氯纶	天美纶	耐腐蚀性、保暖性、难燃性、耐晒性、耐磨性和弹性均较好	吸湿性较差,耐热性差,染色性差
氨纶	莱卡	耐酸碱性、耐汗性、耐海水性、耐干洗性、耐磨性均较好	耐氯性差

10.3.3　混纺

混纺是化学纤维与棉毛、丝、麻等天然纤维混合纺纱织成的纺织产品,既有化学纤维的风格,又有天然纤维的长处,代表产品有涤棉布、涤毛华达呢等。

(1)毛黏混纺

毛黏混纺的目的是降低毛纺织物的成本。但是,黏胶纤维的混入使织物的强力、耐磨性、抗皱性、蓬松性等多项性能明显变差。因此,精梳毛织物的黏胶纤维含量不宜超过 30%,粗梳毛织物的黏胶纤维含量不宜超过 50%。

(2)羊兔毛混纺

羊兔毛混纺不仅提高了兔毛的可纺性,而且增加了织物的花色品种。兔毛可使织物手感比纯羊毛织物柔软,使织物产生银霜般的光泽。但是,兔毛轻,强力低,抱合差,纺纱困难,因此,羊兔毛混纺织物中兔毛含量一般为 20%左右,且需要使用品级高的羊毛与其混纺。羊兔毛混纺产品一般用于制作高档大衣呢、花呢或细绒线针织物。

(3)涤黏混纺

涤黏混纺织物也称"TR 面料"。涤黏混纺是一种互补性强的混纺。涤黏混纺不仅有棉型、毛型(俗称"快巴"),还有中长型。涤纶含量不低于 50%的涤黏混纺织物能保持涤纶坚牢耐用、抗皱免烫、尺寸稳定、可洗可穿性强的特点。黏胶纤维的混入改善了织物的透气性,增强了抗熔孔性,减少了织物起毛起球的现象,有利于抗静电。涤黏混纺织物平整光洁,色彩鲜艳,毛型感强,手感、弹性好,吸湿性好,但免烫性较差。

10.4 纺织物的鉴别与保养

10.4.1 纺织物的鉴别

常用的纤维鉴别方法有感官法和化学法。

①感官法：观察光泽、是否挺括、纤维长短。

②化学法：观察燃烧方式和烟、焰、灰、味。不同纤维的燃烧现象见表10-2。

表 10-2 不同纤维的燃烧现象

品种	燃烧现象
棉	黄色火焰及蓝烟，灰烬少，灰烬细软呈浅灰色，味似纸
麻	燃烧时发出草木灰气味，灰烬少且为灰白色粉末
丝	燃烧慢且缩成一团，灰烬呈黑褐色小球，易碎，有臭味（硫）
羊毛	燃烧时徐徐冒黑烟，显黄焰，起泡，灰烬多且为发光的黑色脆块，有烧毛发的臭味
黏胶纤维	燃烧快，火焰呈黄色，散发烧纸气味，灰烬少且为带状浅灰或灰白色细粉末
铜氨纤维	燃烧快，火焰呈黄色，散发酯酸味，极少灰黑色灰烬
涤纶	燃烧慢，卷缩，熔化，有黄焰，灰烬呈黑色硬块，易捻碎，有芳香味
锦纶	燃烧慢，熔化，无烟，灰烬为亮棕色硬玻璃状灰粒，不易捻碎，有呛鼻气味
腈纶	近火熔缩，冒黑烟，火焰呈白色，散发火烧肉的辛酸气味，灰烬为黑色硬块
维纶	不易点燃，燃烧有浓黑烟，散发苦香气味，灰烬为黑色小珠状颗粒
氯纶	难燃烧，离火即熄，火焰呈黄色，散发刺鼻辛辣酸味，灰烬为黑褐色硬块
氨纶	边熔边燃，火焰呈蓝色，散发出特殊刺激性臭味，灰烬为蓬松黑灰

10.4.2 纺织物的保养

(1)防虫

樟脑易升华，有特殊香气，常制成片剂或球剂（樟脑丸），对棉织、化纤、毛料衣物等有防蛀和保护作用。天然樟脑由樟树的根、干、枝、叶蒸馏产物分离制得。合成樟脑由松节油中蒎烯经过一系列化学反应制得。除樟脑外，对二氯苯也可用于制作防蛀产品。过去，萘也用于制作防蛀剂（卫生球），但因对人有一定毒性，现已被禁用。

(2)防霉与去霉

工业上常用乙酸苯汞、甲基丙烯酸苯汞等有机汞化合物防霉。生活中，可使用含对二氯苯的防蛀防霉产品。若衣物已生霉，则应去霉。具体方法：日晒（紫外线照射）或烤干后刷去霉斑，喷洒或蘸取酒精刷净，喷醋擦净，然后再进行防霉处理。

▼ 阅读材料 ▶

我国丝织物发展简史

我国是世界上最早饲养家蚕和缫丝织绸的国家。丝绸约有 5000 年可考历史。在距今 5000 多年的史前时代，黄河流域已经出现丝绸。到商周，丝绸业已较发达。随着战国、秦汉时期经济大发展，丝绸生产达到了一个高峰。公元前 126 年起，大量中国丝绸通过"丝绸之路"向西运输。至唐朝，中国丝绸已发生很大变化：一方面继承和发展了传统技艺，另一方面兼容了外来技术、纹样的优点。宋元时期，古代科技的高度发展促进了丝绸生产技术的发展，丝绸的品种、风格均有创新，丝绸生产重心由黄河流域转移到江南地区。至明清时期，江南苏杭一带已成为最重要丝绸产地，涌现出一批典型的丝绸专业市镇。这一时期，官营织造也日趋成熟，我国丝绸业发展到了最活跃的时期。新中国成立后，我国丝绸业迅速发展，形成较完整的丝绸业体系，丝绸产品行销 100 多个国家和地区。

丝绸是中华民族的伟大发明，也是中华文明的文化标识。中华民族的祖先不但发明了丝绸，而且发展丝绸、利用丝绸。在漫长的发展过程中，丝绸不断被赋予丰富的文化内涵，随着时代不断变化，释放出新的活力。被称为三大名锦的四川蜀锦、苏州宋锦、南京云锦是丝织物中的优秀代表，至今仍在世界范围内享有很高声誉。放眼未来，古老的丝绸文化必将在传承和创新之路上绽放新的光彩。

丝绸之路与一带一路

丝绸之路简称丝路，广义上分为陆上丝绸之路和海上丝绸之路，一般指陆上丝绸之路。

陆上丝绸之路起源于西汉时期汉武帝派张骞出使西域开辟的以首都长安（今西安）为起点，经甘肃、新疆，到中亚、西亚，连接地中海各国的陆上通道。东汉时期，丝绸之路的起点在洛阳。丝绸之路最初用于运输丝绸，在明朝时期成为综合贸易之路。

海上丝绸之路是古代中国与外国交通贸易和文化交往的海上通道，主要以南海为中心，所以又称南海丝绸之路。海上丝绸之路形成于秦汉时期，发展于三国至隋朝时期，繁荣于唐、宋、元、明时期，是已知的最为古老的海上航线。

丝绸之路既开辟了一条商贸之路，也开启了古代东西方交流的新时代。1877 年，德国地质学家、地理学家李希霍芬在其著作《中国——亲身旅行的成果和以之为根据的研究》（*China：Ergebnisse eigener Reisen und darauf gegründeter Studien*）一书中，将中国与中亚、中国与印度间以丝绸贸易为媒介的这条西域交通道路命名为"Seidenstrasse"（丝绸之路）。这一名词很快被学术界和大众所接受。

2014 年 6 月，第 38 届世界遗产大会通过决议，将"丝绸之路：长安—天山廊道的路网"列入《世界文化遗产名录》。这条廊道由中国、哈萨克斯坦、吉尔吉斯斯坦三国联合申报，涉及三国共 33 处丝绸之路遗迹，是首例跨国合作成功申遗的项目。

2013 年 9 月和 10 月，国家主席习近平在出访中亚和东南亚国家期间，先后提出共建"丝绸之路经济带"和"21 世纪海上丝绸之路"的重大倡议，得到国际社会高度关注。2015 年 3 月 28 日，国家发展改革委、外交部、商务部联合发布《推动共建丝绸之路经济带和 21 世纪海上丝绸之路的愿景与行动》。近 10 年来，以丝绸之路命名的"一带一路"倡议已从理念转化为行动，成为当今世界规模最大、影响范围最广的国际合作平台。

第 11 章　塑料与橡胶制品

材料是人类社会发展的最重要条件之一,材料科学是现代科学发展的三大支柱之一。合成材料的种类有很多,其中塑料、合成橡胶和合成纤维就是我们常说的三大合成材料。

塑料是以树脂单体为原料,通过加聚或缩聚反应聚合而成的高分子化合物。其抗形变能力中等,介于纤维和橡胶之间。塑料的主要成分是树脂。一般意义上,我们把以树脂为基材,按需加入适当助剂,借助成型工具,在一定温度和压力下制成的具有一定形状和尺寸、经冷却或在成型温度下交联固化变硬,并能保持这种形状和尺寸的材料称为塑料。

如今,全世界塑料的年产量超 3.6 亿吨。人们的衣食住行,处处都有它的踪迹。除此之外,许多性能优异的复合塑料、工程塑料也被广泛应用于航空航天、电子电气等行业。

11.1　塑料工业的发展历程

塑料工业的发展历程可分为三个阶段。

(1)天然高分子加工阶段

主要特征:天然高分子(主要是纤维素)的改性和加工。

1869 年,美国化学家海厄特发现,在硝酸纤维素中加入樟脑和少量酒精可制成一种可塑性物质(赛璐珞)。该物质在热压下可制成各种形状的制品。1872 年,海厄特在美国纽瓦克建厂生产赛璐珞,开创了塑料工业的先河。此后,除用作象牙代用品外,赛璐珞还被加工成马车和汽车的风挡以及电影胶片等。

(2)合成树脂阶段

主要特征:以合成树脂为基础原料生产塑料。

1909 年,美国化学家贝克兰在用苯酚和甲醛合成树脂方面取得突破性的进展:第一个热固性树脂——酚醛树脂的专利权。这是第一个完全合成的塑料。

1911 年,英国人马修斯制成聚苯乙烯。

1924 年,英国氰氨公司研制出脲醛树脂。

1926 年,美国化学家西蒙将聚氯乙烯与高沸点溶剂混合加热,冷却后意外得到柔软、易于加工且富有弹性的增塑聚氯乙烯。这一偶然发现使聚氯乙烯的实用化有了真正的突破。

1930年,德国法本公司解决了聚苯乙烯工艺复杂、树脂老化等问题,用本体聚合法进行工业生产。

1931年,美国罗姆-哈斯公司以本体法生产聚甲基丙烯酸甲酯,制造出有机玻璃。同年,德国法本公司采用乳液聚合法实现聚氯乙烯的工业化生产。

1933年,西蒙提出用高沸点溶剂和磷酸三甲苯酯与聚氯乙烯加热混合,可加工成软聚氯乙烯制品,这才使聚氯乙烯的实用化有了真正的突破。同年,英国卜内门化学工业公司在进行乙烯与苯甲醛的高压反应试验时发现聚合釜壁上有蜡质固体存在,从而发明了聚乙烯。

1936年,英国卜内门化学工业公司、美国联合碳化物公司及固特里奇化学公司几乎同时开发了氯乙烯的悬浮聚合及聚氯乙烯的加工应用。

1939年,英国卜内门化学工业公司用高压气相本体法生产低密度聚乙烯。同年,美国氰氨公司开始生产三聚氰胺-甲醛树脂的模塑粉、层压制品和涂料。

1953年,德国化学家齐格勒以烷基铝和四氯化钛作催化剂,使乙烯在低压下聚合为高密度聚乙烯。

1954年,意大利化学家纳塔以铝钛的氯化物为催化剂将丙烯聚合成聚丙烯。

1955年,法国阿托化学公司成功开发尼龙11并投入生产。同年,德国赫斯特公司实现了高密度聚乙烯的工业化生产。

1957年,意大利蒙特卡蒂尼公司和美国赫克勒斯公司实现了聚丙烯的工业化生产。

1958年,我国成功研制出尼龙1010。

(3)大发展阶段

主要特征:a. 由单一的大品种通过共聚或共混改性,发展系列品种。b. 开发了一系列高性能的工程塑料新品种,如聚甲醛、聚碳酸酯、聚苯醚、聚酰亚胺等。c. 广泛采用增强、复合与共混等新技术,赋予塑料更优异的综合性能,扩大其应用范围。

20世纪70年代,随着聚1-丁烯和聚4-甲基-1-戊烯相继投入生产,聚烯烃类塑料成了世界上产量最大的塑料。

11.2　塑料的分类

(1)按使用特性分类

根据使用特性,塑料可分为通用塑料、工程塑料和特种塑料。

①通用塑料一般是指产量大、用途广、成型性好、价格便宜的塑料,如聚乙烯塑料、聚丙烯塑料、酚醛塑料等。

②工程塑料一般是指能承受一定外力作用,具有良好的机械性能和耐高、低温性能,尺寸稳定性较好,可以用作工程结构材料的塑料,如聚酰胺塑料、聚砜塑料等。

③特种塑料一般是指具有特殊功能,可用于航空、航天等特殊应用领域的塑料。例如:氟塑料和有机硅塑料具有突出的耐高温、自润滑等性能;增强塑料和泡沫塑料具有高强度、高缓冲性等性能。

(2)按理化特性分类

根据理化特性,塑料可分为热固性塑料和热塑性塑料。

①热固性塑料是指在受热或其他条件下能固化或具有不溶(熔)特性的塑料,如酚醛塑料、环氧塑料等。

②热塑性塑料是指在特定温度范围内能反复加热软化和冷却硬化的塑料,如聚乙烯塑料、聚四氟乙烯塑料等。

(3)按成型方法分类

根据成型方法,塑料可分为膜压塑料,层压塑料,注射、挤出、吹塑塑料,浇铸塑料和反应注射模塑料等多种类型。

11.3　聚烯烃类塑料

聚烯烃类塑料是指以一种或几种烯烃聚合和共聚制得的聚合物为基质的塑料,在塑料工业中市场份额最大,是最重要的通用塑料。聚烯烃类塑料货源广,价格低廉,电性能优良,且有耐化学性、耐溶剂性等多种优点,又容易采用多种成型方法加工,因而在塑料中用途最为广泛。

11.3.1　聚乙烯

聚乙烯(polyethylene,PE)是由乙烯直接聚合得到的聚合物。聚乙烯(图11-1)是五大合成树脂之一,生产量居"四烯"(聚乙烯、聚氯乙烯、聚丙烯、聚苯乙烯)之首,是化学组成和分子结构最简单、应用最广泛的品种。聚乙烯主要分为低密度聚乙烯、线型低密度聚乙烯、高密度聚乙烯三大类。

图 11-1　聚乙烯颗粒

(1)特性

聚乙烯比较软,摸起来有蜡质感,与同等塑料相比质量较轻,有一定透明度,燃烧时火焰呈蓝色。聚乙烯无毒,对人体无害,抗腐蚀性、电绝缘性(尤其高频绝缘性)优良,可以通过氯化、辐照改性,也可用玻璃纤维增强。

(2)应用

①低密度聚乙烯(low density polyethylene,LDPE):适合各种热塑成型工艺,如注塑、挤塑、吹塑、旋转成型、涂覆、发泡、热成型、热风焊、热焊接等,成型加工性好。LDPE 可用于制造薄膜、重包装膜、电缆绝缘层材料、吹注塑及发泡制品。

②线型低密度聚乙烯(linear low density polyethylene,LLDPE):无毒,无味,呈乳白色。与 LDPE 相比,LLDPE 具有强度高、韧性好、刚性强、耐热、耐寒和耐酸、碱、有机溶剂等优点。LLDPE 主要用于制造农膜、包装膜、电线电缆、管材、涂层制品等,可应用于所有的传统聚乙烯市场。LLDPE 增强了抗伸、抗穿透、抗冲击和抗撕裂性能,在管材、板材挤塑和模塑应用中都很有吸引力。

③高密度聚乙烯(high density polyethylene,HDPE):具有良好的耐热性和耐寒性,化学稳定性好,机械强度大,还具有较强的刚性和韧性。采用注射成型方法可制造各种类型的容器、工业配件、医用品、玩具、壳体、瓶塞和防护罩等制品;采用吹塑成型方法可制造各种中空容器、超薄型薄膜等;采用挤出成型方法可制造管材、拉伸条带、捆扎带、单丝、电线和电缆护套等。HDPE 还可用于制造建筑用装饰板、百叶窗、合成木材、合成纸、合成膜和钙塑制品等。

11.3.2 聚丙烯

聚丙烯(polypropylene,PP)的化学式为$(C_3H_6)_n$,是丙烯加聚而成的聚合物,是一种性能优良的热塑性合成树脂,是四大通用型热塑性树脂(聚乙烯、聚氯乙烯、聚丙烯、聚苯乙烯)之一,产量在合成树脂中位居前列,仅次于聚乙烯。

(1)特性

聚丙烯是一种无色或白色、无臭、无毒、半透明蜡状固体,具有耐化学性、耐热性、电绝缘性、耐磨性和优良的机械性能。

(2)应用

①机械及汽车制造业:聚丙烯具有良好的机械性能,可以直接用于制造或改性后用于制造各种机械设备的零部件,如工业管道、农用水管、电机风扇、基建模板等。改性的聚丙烯可模塑成保险杠、防擦条、汽车方向盘、仪表盘及车内装饰件等,大大减轻车身自重,节约能源。

②电子及电气工业:改性的聚丙烯普遍用作电线电缆和其他电器的绝缘材料。

③建筑业:用玻璃纤维增强改性或用橡胶、苯乙烯-丁二烯-苯乙烯嵌段共聚物(styrene butadiene styrene block copolymer,SBS)改性过的聚丙烯被大量用于制造建筑工程模板。发泡后的聚丙烯可用于制造装饰材料。

④农业、渔业及食品工业:聚丙烯可用于制造大棚膜、地膜、培养瓶、农具、渔

网,以及食品周转箱、食品包装袋、饮料包装瓶等。

⑤纺织和印刷工业:聚丙烯纤维(丙纶)被广泛用于制造轻质、美观、耐用的纺织用品。应用聚丙烯材料印刷出的画面特别鲜艳、美观。

⑥其他行业:在化工领域,聚丙烯可用于制造各种耐腐蚀的输送管道、储槽、阀门、填料塔中的异型填料、过滤布、耐腐泵及耐腐容器的衬里;在医药领域,聚丙烯可用于制造医疗器具。

11.3.3　聚 1-丁烯

聚 1-丁烯[poly(1-butene),PB-1]是由 1-丁烯聚合而成的一种热塑性树脂,由德国赫斯化学公司于 1964 年投入工业生产。

(1)特性

聚 1-丁烯是半透明、无色、无臭固体,分子结构规整,具有优异的耐热性、耐沸水蒸煮性,其耐化学性、耐老化性和电绝缘性均与聚丙烯相当。聚 1-丁烯的突出优点是抗蠕变性、耐环境应力开裂和抗冲击性能十分优异。

(2)应用

聚 1-丁烯最主要的用途是制造管材。聚 1-丁烯还可用于制造医疗器具(如注射器、三通阀、血液分离槽等)、理化实验器具(如量筒、器皿、烧杯等)、医药产品及食品包装(如牛奶容器、餐具、食品包装薄膜等)。除此之外,聚 1-丁烯在航空航天领域也有一定应用。

11.3.4　聚氯乙烯

聚氯乙烯 (polyvinyl chloride, PVC)是氯乙烯单体在过氧化物、偶氮化合物等引发剂或光、热作用下聚合而成的聚合物(图 11-2)。氯乙烯均聚物和氯乙烯共聚物统称为氯乙烯树脂。PVC 曾是世界上产量最大的通用塑料,应用非常广泛。根据应用范围,PVC 可分为通用型 PVC 树脂、高聚合度 PVC树脂和交联 PVC 树脂。

图 11-2　各类聚氯乙烯产品

(1)特性

聚氯乙烯为白色或浅黄色粉末,有光泽,具有阻燃、耐化学性、机械强度及电绝缘性良好等优点,但对光、热的稳定性较差。

(2)应用

聚氯乙烯应用非常广泛,在建筑材料、工业制品、日用品、密封材料等领域均有广泛应用。

①管材、管件:我国 PVC 消费量最大的领域。

②型材和门窗:我国 PVC 消费量第二的领域。

③膜:我国 PVC 消费量第三的领域。PVC 可加工成包装袋、雨衣、桌布、窗帘、充气玩具等,也可用于制造温室塑料大棚、地膜。

④硬材和板材:PVC 可用于制造各种口径的硬管、异型管、波纹管,用作下水管、饮水管、电线套管或楼梯扶手,也可用于制造各种厚度的硬质板材、各种耐腐蚀的贮槽、风道及容器等。

⑤一般软质品:PVC 可用于制造软管、电缆、电线、凉鞋、鞋底、拖鞋、玩具、汽车配件等。

⑥包装材料:PVC 可用于制造矿泉水、饮料、化妆品的容器,也可用于制造床垫、布匹、玩具和工业商品的包装。

⑦护墙板和地板:PVC 主要用于取代铝制护墙板,可应用于机场候机楼地面和其他场所的坚硬地面。

⑧日用消费品:PVC 可用于制造各种仿皮革,用于行李包、篮球、足球和橄榄球等,还可用于制造制服和专用保护设备的皮带。

⑨涂层制品:PVC 可用于制造无衬底的人造革,用于地板、皮箱、皮包、书的封面、沙发及汽车的坐垫等。

⑩泡沫制品:PVC 可发泡成型为泡沫塑料,用于制造泡沫拖鞋、凉鞋、鞋垫及防震缓冲包装材料。

11.3.5 聚乙烯醇缩丁醛

聚乙烯醇缩丁醛(polyvinylbutyral,PVB)是由聚乙烯醇与丁醛在酸催化下缩合而成的产物。PVB 在夹层玻璃、黏合剂、陶瓷花纸、铝箔纸、电器材料、玻璃钢制品、织物处理剂等领域得到了广泛应用,已成为一种不可或缺的合成树脂材料。

(1)特性

PVB 具有良好的柔顺性、优良的透明度、良好的溶解性,玻璃化温度低,拉伸强度和抗冲击强度高,耐光、耐水、耐热、耐寒性能和成膜性良好,与玻璃、金属(尤其是铝)等材料有很高的黏接力。

(2)应用

①作为夹层材料,用于制造安全玻璃(透明度高,冲击强度大),广泛用于航空和汽车领域。

②用于制造防锈能力强及附着力、耐水性好的防腐蚀涂料、金属底层涂料和防寒漆。

③代替陶瓷花纸，用于制造花纹鲜艳的薄膜花纸。

④用于制造代替钢、铅等金属的抗压塑料。

⑤配成多种黏合剂，广泛用于木材、陶瓷、金属、塑料、皮革等的黏接。

⑥用于制造织物处理剂、纱管和食品包装材料。

⑦用于制造纸张处理剂、防缩剂、硬挺剂及其他防水材料。

⑧用于柔印、凹印、凸印、丝网印、热转印，适用于对异味敏感的物品如茶叶、香烟等的包装印刷。

⑨对玻璃表面有极强的附着力，特别适用于玻璃板装饰丝印。

11.4　其他常见塑料

11.4.1　聚苯乙烯

聚苯乙烯(polystyrene,PS)是指由苯乙烯单体聚合而成的聚合物，化学式为$(C_8H_8)_n$。1829 年，德国化学家第一次从天然树脂中提取出聚苯乙烯。1930 年，德国巴斯夫公司实现了聚苯乙烯的工业化生产。聚苯乙烯包括普通聚苯乙烯、可发性聚苯乙烯(expandable polystyrene,EPS)、高抗冲聚苯乙烯(high impact polystyrene,HIPS)和间规聚苯乙烯(syndiotactic polystyrene,SPS)。聚苯乙烯是四大通用型热塑性树脂之一，在电子、日用品、玩具、包装、建筑、汽车等领域有广泛应用(图11-3)。

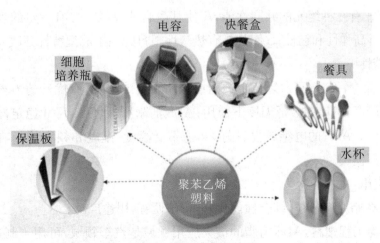

图 11-3　聚苯乙烯的应用

(1)特性

聚苯乙烯无色透明,能自由着色,具有优异的电性能,光稳定性仅次于甲基丙烯酸树脂,抗放射线能力是所有塑料中最强的。聚苯乙烯易老化,因此,其制品在长期使用中会变黄、发脆。聚苯乙烯熔融时的热稳定性和流动性非常好,所以易成型加工,特别容易注射成型,适合大量生产。聚苯乙烯成型收缩率小,成品尺寸稳定性高。

(2)应用

①聚苯乙烯常用于制造泡沫塑料制品,如各种一次性塑料餐具、透明光盘盒、中空楼板等。

②聚苯乙烯可用于制造丙烯腈-丁二烯-苯乙烯树脂(acrylonitrile-butadiene-styrene resin,ABS 树脂)。ABS 树脂具有强度高、质地轻等特点,是常用的工程塑料之一。

③聚苯乙烯可用于制造 SBS 橡胶。SBS 橡胶是一种耐用的热塑性橡胶,常用于制造轮胎。

④聚苯乙烯亦可广泛应用于装潢材料、照明制品和包装材料等领域。

⑤聚苯乙烯是良好的绝缘材料和隔热保温材料,可用于制造各种仪表外壳、光学化学仪器零件、透明薄膜、电容器介质层等。

⑥聚苯乙烯可用于粉类和乳液类化妆品,以改善粉的黏附性能,赋予皮肤光泽和润滑感,是代替滑石粉和二氧化硅的高级填充剂。

11.4.2　ABS 树脂

ABS 树脂是丙烯腈(A)、丁二烯(B)、苯乙烯(S)三种单体的三元共聚物。ABS 树脂兼有三种组元的共同性能:A 使其耐腐蚀、耐热,并有一定的表面硬度;B 使其具有高弹性和韧性;S 使其具有热塑性塑料的加工成型特性并改善电性能。

(1)特性

ABS 无毒,无味,呈象牙色半透明或透明颗粒或粉状,有优良的力学性能,抗冲击强度较高,可以在极低温度下使用;ABS 的耐磨性优良,尺寸稳定性好,同时具有耐油性。ABS 的电绝缘性较好,几乎不受温度、湿度和频率的影响,可在大多数环境下使用。

(2)应用

ABS 树脂原料易得,综合性能良好,价格便宜,用途广泛。

①作为工程塑料,ABS 树脂的最大应用领域是汽车领域,可用于制造汽车仪表板、车身外板、内装饰板、方向盘、隔音板、门锁、保险杠、通风管等多种部件。

②ABS 树脂可用于制造办公用电器、家用电器,如电话机、传真机、吸尘器、

计算机、复印机、传真机、电冰箱、电视机、洗衣机、空调器等。

③ABS 树脂制成的管材、洁具、装饰板广泛应用于建筑领域。

④鞋、包、箱、玩具及各种容器中都大量使用 ABS 树脂。

⑤ABS 树脂是 3D 打印材料中最稳定的一种材质。

11.4.3　聚甲基丙烯酸甲酯

聚甲基丙烯酸甲酯(polymethylmethacrylate，PMMA)是一种高分子聚合物，又称作亚克力或有机玻璃，具有透明度高、价格低、易于机械加工等优点，是常用的玻璃替代材料。

(1)特性

PMMA 无色透明，透光率高，质硬，价廉，易于成型，韧性强(比硅玻璃强 10 倍以上)，光学性、绝缘性、加工性及耐候性佳。

(2)应用

①PMMA 多用于制造仪器仪表零件、汽车车灯、光学镜片、透明管道。

②在建筑方面，PMMA 主要应用于建筑采光体、透明屋顶、棚顶、电话亭、楼梯和墙壁护板、广告灯箱等。

③在洁具方面，PMMA 主要应用于浴缸、洗脸盆、化妆台等产品。

11.4.4　聚四氟乙烯

聚四氟乙烯(polytetrafluoroethylene，PTFE)俗称"塑料王"，是一种以四氟乙烯作为单体聚合而成的高分子聚合物。

(1)特性

PTFE 为白色、无味、无毒的粉状物，具有优良的化学稳定性、耐腐蚀性、密封性、润滑性、不粘性、电绝缘性和良好的抗老化能力，且耐高温、耐寒性优良，可在 $-180\sim260$ ℃范围内长期使用。

(2)应用

①在电气、航天、航空、计算机等领域，PTFE 可用作电源和信号线的绝缘层及耐腐、耐磨材料，用于制造薄膜、轴承、垫圈、阀门及化工管道、管件、设备容器衬里等；也可代替石英玻璃器皿，用于制造高绝缘性电器零件、耐高频电线电缆包皮、耐腐蚀化学器皿、耐高寒输油管、人工器官、人工血管等。

②PTFE 可快速涂抹形成干膜，作为石墨、钼和其他无机润滑剂的代用品。

③PTFE 可作为热塑性和热固性聚合物的脱模剂(承载能力优良)，在弹性体和橡胶工业中有广泛应用。

④PTFE 可用作环氧树脂的填充剂,提高环氧胶黏剂的耐磨性、耐热性和耐腐蚀性。

⑤PTFE 可用作粉饼的黏结剂和填充剂。

11.4.5 聚碳酸酯

聚碳酸酯(polycarbonate,PC)是分子链中含有碳酸酯基的高分子聚合物,可分为脂肪族、芳香族和脂肪-芳香族等类型。

(1)特性

PC 强度高,弹性系数大,冲击强度高,耐疲劳性佳,尺寸稳定性良好,蠕变小(即使在高温条件下也极少有变化),具有高透明度、自由染色性、阻燃性、抗氧化性和耐热老化性。

(2)应用

PC 是五大通用工程塑料之一,广泛应用于玻璃装配业、汽车工业、电子和电器工业等领域(图 11-4)。

①PC 可用于制造大型灯罩、防护玻璃、光学仪器的目镜筒等。

②PC 是优良的 E 级绝缘材料[①],可用于制造绝缘接插件、线圈框架、管座、绝缘套管、电话机壳体及零件、矿灯的电池壳等。聚碳酸酯薄膜广泛用于电容器、绝缘皮包、录音带、彩色录像磁带。

③PC 可用于制造尺寸精度很高的零件,应用于光盘、电话机、计算机、录像机、电话交换机、信号继电器等器材。

④PC 可用于制造各种齿轮、齿条、蜗轮、蜗杆、轴承、凸轮、螺栓、杠杆、曲轴、棘轮,也可用于制造机械设备壳体、罩盖和框架等零件。

⑤PC 可用于制造医疗用途的杯、筒、瓶,以及牙科器械、药品容器和手术器械,甚至还可用于制造人工肾、人工肺等人工脏器。

⑥在建筑领域,PC 可用于制造中空筋双壁板、暖房玻璃等。

⑦在纺织行业,PC 可用于制造纺织纱管、纺织机轴瓦等。

⑧在日用品领域,PC 可用于制造奶瓶、餐具、玩具、模型、LED 灯外壳和手机外壳等。

---

①E 级绝缘材料:绝缘材料按耐热能力分为 Y 级、A 级、E 级、B 级、F 级、H 级和 C 级。其中,E 级绝缘材料的允许温度为 120 ℃。

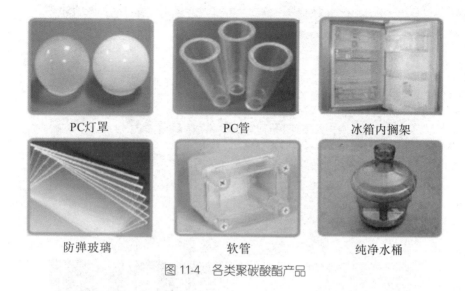

PC灯罩	PC管	冰箱内搁架
防弹玻璃	软管	纯净水桶

图 11-4 各类聚碳酸酯产品

11.4.6 聚酰胺

聚酰胺(polyamide,PA)是分子主链上含有重复酰胺基团的热塑性树脂的总称。聚酰胺用作塑料时称为尼龙(nylon),用作纤维时称为锦纶。

(1)特性

聚酰胺具有良好的力学性能、耐热性、耐磨损性、耐化学性和自润滑性,且摩擦系数低,有一定的阻燃性,易于加工;用玻璃纤维和其他填料填充增强改性,可提高性能,扩大应用范围。

(2)应用

①聚酰胺用作纤维时,最突出的优点是耐磨性高于其他纤维(比棉花高 10 倍,比羊毛高 20 倍)。在混纺织物中加入锦纶,可大大提高其耐磨性。锦纶长纤维多用于制造弹力丝袜、纱巾、蚊帐、弹力外衣等。锦纶短纤维大都与羊毛或其他化学纤维的毛型产品混纺,制成各种耐磨经穿的衣料。

在工业领域,锦纶大多用于制造帘子线、工业用布、缆绳、传送带、帐篷、渔网等;在国防领域,锦纶主要用于制造降落伞及其他军用纺织品;在医学领域,锦纶可作为医用缝线。

②聚酰胺是重要的工程塑料,可代替铜和合金,用于制造设备的耐磨损件(图11-5),如涡轮、齿轮、轴承、叶轮、曲柄、仪表板、驱动轴、阀门、叶片、丝杆、高压垫圈、螺丝、螺母、密封圈、梭子、轴套连接器等。

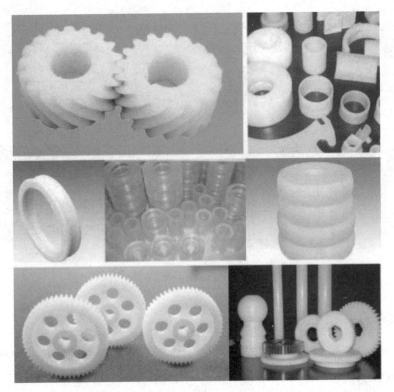

图 11-5　各类聚酰胺产品

11.4.7　聚氨基甲酸酯

聚氨基甲酸酯(polyurethane,PU)简称聚氨酯,由德国化学家拜耳等于 1937年开发。聚氨酯用作纤维时称为氨纶。

(1)特性

聚氨酯具有良好的稳定性、耐化学性、回弹性和力学性能,压缩变形小,隔热、隔音、抗震、防毒性能良好,耐油,耐磨,耐低温,耐老化,硬度高,有弹性,易加工,吸水率低,电性能好。

(2)应用

①家具行业。仿木材料是聚氨酯硬质泡沫的主要应用方向之一。仿木材料的密度、强度与木材相当,成型后不会出现裂纹,可降低生产制造成本。

②建筑行业。聚氨酯硬质泡沫结构简单,产品寿命长,施工效率高,耐火等级较高,且综合造价低,是建筑保温领域的首选材料。作为重要的防水涂料,聚氨酯普遍应用于建筑屋顶、外墙、顶板、地下室、厨卫间、道路桥梁等部位。

③皮革行业。聚氨酯可用于制造人造革和合成革。

④汽车行业。聚氨酯可用于制造汽车用密封膏、门窗封条、保险杠、汽车漆等。

⑤隔热材料行业。聚氨酯硬质泡沫夹芯板可作为隔热材料,用于冰箱、冰柜、冷库、冷藏车、太阳能热水器等设备。

⑥包装材料行业。聚氨酯可用于易碎商品的包装,特别适用于精密仪器、工艺品、易碎品等的运输包装。

11.4.8　酚醛树脂

酚醛树脂(phenol-formaldehyde resin)又名电木,是酚类化合物和醛类化合物缩聚而成的聚合物。1902 年,布卢默用酒石酸作催化剂,得到了第一个商业化酚醛树脂,命名为 Laccain,但没有实现工业化生产。1905—1907 年,美国化学家贝克兰对酚醛树脂进行了系统而广泛的研究,并于 1909 年申请了关于酚醛树脂高温热压成型的专利。1910 年,贝克兰创办了通用贝克莱特公司,实现了酚醛树脂的工业化生产。

(1)特性

固体酚醛树脂为黄色、透明、无定形块状物质,因含有游离酚而呈微红色,易溶于醇,不溶于水,在水、弱酸、弱碱溶液中稳定。酚醛树脂具有良好的耐酸性能、力学性能、耐热性能。酚醛树脂可与各种有机或无机填料相容。

(2)应用

酚醛树脂主要应用于塑料、涂料、胶黏剂及合成纤维等领域。

①塑料领域。热塑性酚醛树脂压塑粉主要用于制造开关、插座、插头等电器零件以及其他日用品和工业制品。热固性酚醛树脂压塑粉主要用于制造高电绝缘性制品。增强酚醛塑料主要用于制造各种制动器摩擦片和防腐蚀塑料。高硅氧玻璃纤维和碳纤维增强的酚醛塑料是重要耐烧蚀材料,可应用于航空航天领域。

②涂料领域。以松香改性的酚醛树脂、丁醇醚化的酚醛树脂以及对叔丁基酚醛树脂、对苯基酚醛树脂均与桐油、亚麻子油有良好的混溶性,是涂料工业的重要原料。

③胶黏剂领域。热固性酚醛树脂也是胶黏剂的重要原料。单一的酚醛树脂胶主要用于胶合板和精铸砂型的黏结。以高聚物改性的酚醛树脂具有耐热性好、黏结强度高、抗张、抗冲击、耐湿热老化等优异性能,是结构胶黏剂的优良品种。

④合成纤维领域。酚醛纤维抗燃性能突出,主要用于制造防护服及耐燃织物或室内装饰品,也可用作绝缘、隔热、过滤材料等,还可用于加工低强度、低模量碳纤维、活性炭纤维和离子交换纤维等。

⑤防腐蚀领域。热固性酚醛树脂在防腐蚀领域的应有形式包括:酚醛树脂涂料,酚醛树脂玻璃钢、酚醛-环氧树脂复合玻璃钢,酚醛树脂胶泥、砂浆,酚醛树脂浸渍、压型石墨制品。

⑥保温材料领域。酚醛泡沫具有保温、隔热、防火、质轻等特点,被誉为"保温之王",可作为隔热、节能、防火的新材料,广泛应用于中央空调系统、房屋隔热保温材料、化工管道保温材料(尤其是深低温的保温)等领域。

11.5 橡胶及其制品

橡胶是指具有可逆形变的高弹性聚合物材料,在室温下富有弹性,在较小的外力作用下能产生较大形变,除去外力后能恢复原状。橡胶可分为天然橡胶与合成橡胶。天然橡胶是从橡胶树(图 11-6)、橡胶草等植物中提取胶质后加工制成的。合成橡胶则由各种单体聚合得到。橡胶制品广泛应用于人类生产、生活的各个领域。

图 11-6　橡胶树

11.5.1　天然橡胶

通常所说的天然橡胶,是指从巴西橡胶树上采集的天然胶乳经过凝固、干燥等加工工序制成的弹性固状物。天然橡胶是一种以顺-1,4-聚异戊二烯为主要成分的天然高分子化合物。

11.5.2　合成橡胶

合成橡胶又称为"合成弹性体",是由人工合成的高弹性聚合物,是三大合成材料之一。根据性能和用途,合成橡胶可分为通用合成橡胶和特种合成橡胶。

11.5.2.1　通用合成橡胶

通用合成橡胶是指可以部分或全部代替天然橡胶使用的合成橡胶。

①丁苯橡胶:由丁二烯和苯乙烯共聚制得,是产量最大的通用合成橡胶,常见品种有乳聚丁苯橡胶、溶聚丁苯橡胶和热塑性橡胶(SBS)。

②顺丁橡胶:由丁二烯经溶液聚合法制得。顺丁橡胶具有优异的耐寒性、耐磨性和弹性以及较好的耐老化性能。顺丁橡胶绝大部分用于生产轮胎,少部分用于制造耐寒制品、缓冲材料及胶带、胶鞋等日用品。

③异戊橡胶:聚异戊二烯橡胶的简称。异戊橡胶与天然橡胶一样,具有良好的弹性和耐磨性、优良的耐热性以及较好的化学稳定性。异戊橡胶可以代替天然橡胶,用于制造载重轮胎和越野轮胎。

④乙丙橡胶:以乙烯和丙烯为主要原料合成,耐老化、电绝缘性能和耐臭氧性能突出。乙丙橡胶的用途十分广泛,可用于制造轮胎胎侧、胶条、内胎等汽车零部件,以及电线、电缆的包皮材料,还可用于制造胶鞋、卫生用品等浅色制品。

⑤氯丁橡胶:以氯丁二烯为主要原料,通过均聚或与少量其他单体共聚而成,耐热、耐光、耐水、耐老化性能优良,化学稳定性较高,具有高抗张强度和优异的耐燃性、耐油性、抗延燃性,可用于制造运输皮带和传动带、电线和电缆的包皮材料、耐油胶管和垫圈及耐腐蚀的设备衬里。

11.5.2.2　特种合成橡胶

①丁腈橡胶:由丁二烯和丙烯腈采用低温乳液聚合法制得,耐油性极好,耐磨性较高,耐热性较好,黏接力强。丁腈橡胶主要用于制造耐油橡胶制品。

②丁基橡胶:由异丁烯和少量异戊二烯采用淤浆法共聚而成,透气率低,气密性优异,耐热、耐臭氧、耐老化性能良好,化学稳定性、电绝缘性也很好。丁基橡胶的主要用途是制造车辆内胎、电线和电缆的包皮材料、耐热传送带和蒸汽胶管。

③氟橡胶:含有氟原子的合成橡胶,具有优异的耐热性、耐氧化性、耐油性和耐化学性。作为密封材料、耐介质材料以及绝缘材料,氟橡胶主要用于航空、化工、石油、汽车等工业领域。

④硅橡胶:主链由硅、氧原子交替构成,侧链为含碳基团。硅橡胶中用量最大的是侧链为乙烯基的硅橡胶。硅橡胶既耐热又耐寒,使用温度在 $-60\ ℃$ 和 $300\ ℃$ 之间,具有优异的耐气候性和耐臭氧性及良好的绝缘性,主要应用于航空、电气、食品及医疗领域。

⑤聚氨酯橡胶:由低分子多元醇、多异氰酸酯和扩链剂聚合而成,耐磨性能好,弹性好,硬度高,耐油,耐溶剂。聚氨酯橡胶在汽车、制鞋、机械等领域应用广泛。

⑥丙烯酸酯橡胶:丙烯酸酯橡胶可用于制造油封、气缸盖垫片、油冷却器软管、排气软管、变速箱、各种 O 形圈等汽车配件,发展前景广阔。

11.5.3　橡胶的硫化

为改善橡胶制品的性能,可以对生橡胶进行一系列加工:在一定条件下,使胶料中的生胶与硫化剂发生化学反应,使其由线型结构转变为立体网状结构。这个过程称为橡胶硫化,得到的橡胶称为硫化橡胶,也称为熟橡胶,俗称"胶皮"。

胶料经硫化加工后得到的硫化橡胶具有不变黏、不易折断等特质,以及高强度、高弹性、高拉伸强度、耐磨、抗腐蚀、耐热、耐有机溶剂等优良性能。常见的橡胶制品大都由硫化橡胶制成。

11.5.4　橡胶的老化

橡胶及其制品加工、贮存和使用过程中,受内外因素的综合影响,橡胶物理化学性质和机械性能逐步变化,最后丧失使用价值。这种变化称为橡胶老化,表现为龟裂、发黏、硬化、软化、粉化、变色、长霉等。

橡胶老化的因素有以下几种:

①氧:氧在橡胶中同橡胶分子发生自由基连锁反应,使其分子链发生断裂或过度交联,引起橡胶性能的改变。氧化作用是橡胶老化的重要原因之一。

②臭氧:臭氧的化学活性比氧高得多,破坏性更大,同样可使分子链发生断裂,出现与应力作用方向垂直的裂纹,即"臭氧龟裂"。

③热:提高温度可引起橡胶的热裂解或热交联,提高氧扩散速度,活化氧化反应,从而加速橡胶氧化反应。这是普遍存在的一种老化现象——热氧老化。

④光:对橡胶起破坏作用的是能量较高的紫外线。紫外线能直接引起橡胶分子链的断裂和交联,使其表面出现网状裂纹,即"光外层裂"。

⑤机械应力:在机械应力反复作用下,橡胶分子链会断裂生成游离醛,引发氧化链式反应,发生力化学反应。

⑥水分:水浸泡和大气暴露的交替作用会加快橡胶老化的速度。

⑦油类:如果橡胶和油类介质长期接触,油类能渗透到橡胶内部使其发生溶胀,致使橡胶的强度降低、其他力学性能变差。

⑧其他:化学介质、变价金属离子、高能辐射、电和生物等。

▼ **阅读材料** ▼

天然橡胶的发展简史

考古发现,人类在 11 世纪就开始使用橡胶。

1493—1496 年,哥伦布发现美洲大陆时看到当地居民玩耍橡胶球并将其带回欧洲。

1735 年,法国科学家孔达米纳首次报道橡胶的产地、采集胶乳的方法和橡胶在南美洲当地的利用情况。由此,欧洲人开始认识天然橡胶,并进一步研究其利用价值。

1770 年,英国化学家普利斯特列因发现橡胶能擦去铅笔痕迹,所以将这种材料称为 rubber。

1823 年,英国建立第一个橡胶工厂,将橡胶溶于苯制成防水布,用于生产雨衣。此为橡胶工业的开始。

1826 年,法拉第首先对天然橡胶进行化学分析,确定了天然橡胶的实验式为 C_5H_8。同年,汉考克发现了利用机械使橡胶获得塑性的方法。这一发现奠定了现代橡胶加工的基础。

1839 年,美国人古德伊尔发现,橡胶中加入硫黄和碱式碳酸铅,经加热后制出的橡胶制品遇热或在阳光下曝晒时,不再像以往那样易于变软和发黏,而且能保持良好的弹性。经此处理得到的橡胶即硫化橡胶。至此,橡胶的使用价值才真正被确认,从而发展成为一种极其重要的工业原料。

1876 年,英国人威克姆从巴西亚马孙河口采集橡胶种子,运回英国皇家植物园播种,并在斯里兰卡、印度尼西亚、新加坡试种,均取得成功。此即为巴西橡胶树在远东落户的开端。从此,当地橡胶种植业迅速发展。

1888 年,英国人邓洛普发明了充气轮胎,促使汽车轮胎工业飞速发展,耗胶量急剧上升。

1904 年,人们发现某些金属氧化物有促进硫化的作用,但效果不十分明显。

1906 年,苯胺被发现有促进硫化的作用。

1919 年,噻唑类硫化促进剂开始被大量应用于橡胶硫化。

1920 年,炭黑作为橡胶的补强剂被大量使用。

1952 年,我国成功地在北纬 18°至 24°的广大地区种植巴西橡胶树,并获得较高的产量。

合成橡胶发展简史

1860 年,威廉姆斯从天然橡胶的热裂解产物中分离出异戊二烯,并指出异戊二烯在空气中会氧化成白色弹性体。

1879 年,布查德特用热裂解法制得异戊二烯,又利用异戊二烯重新制得弹性体。至此,人们已完全确认,由低分子单体合成橡胶是可能的。

1900 年,俄国化学家康达科夫用 2,3-二甲基-1,3-丁二烯聚合成革状弹性体。1917 年,他首次用 2,3-二甲基-1,3-丁二烯制得合成橡胶,取名为甲基橡胶 W 和甲基橡胶 H。

1909 年,德国化学家霍夫曼获得世界上第一项合成橡胶专利。

　　1927—1928 年,美国人帕特里克首先合成了聚硫橡胶。

　　1930 年,卡罗瑟斯制得氯丁橡胶。1931 年,杜邦公司进行了氯丁橡胶的小批量生产。

　　1931 年,苏联人利用列别捷夫的方法由酒精制得丁二烯,并用金属钠作催化剂进行液相本体聚合,制得丁钠橡胶。

　　1937 年,德国法本公司将丁腈橡胶投入工业化生产。丁腈橡胶是一种耐油橡胶,时下仍是特种合成橡胶的主要品种。

　　20 世纪 40 年代初,德国和英国研发出聚氨酯橡胶。

　　1944 年,美国通用电气公司开始生产硅橡胶。

　　20 世纪 50 年代,齐格勒-纳塔催化剂的发明使合成橡胶工业进入生产立构规整橡胶的崭新阶段。

　　20 世纪 60 年代,合成橡胶进入飞速发展时期,人们开发出了异戊橡胶、合成杜仲胶、顺丁橡胶、乙丙橡胶等品种;特种合成橡胶也有了新发展,氟橡胶、新型丙烯酸酯橡胶、液体橡胶、粉末橡胶和热塑性橡胶等新品种不断涌现。

第 12 章　室内装修与健康

乔迁新居之前,大部分人都会对新购买的房子(新房、二手房)进行必要的装修。室内装修偏重建筑物内的装修建设,不仅包括设计与施工,还包括入住后对居所环境的长期装饰。装修时,使用的材料越多、越复杂,引入的污染物可能越多。因此,如果室内装修处理不当,可能会对装修和居住人员的身体健康造成一定危害。

12.1　室内装修材料

室内装修材料是指用于建筑内部墙面、顶棚、柱面、地面等的罩面材料。现代室内装修材料不仅有保护建筑物主体结构、延长其使用寿命的作用,还能在提升美感的同时兼具隔热、防潮、防火、隔音等多种功能。

根据使用的部位和功能,室内装修材料可分为五大类:墙柜体材料、地面材料、装饰线、顶部材料和紧固件、连接件及胶黏剂。

12.1.1　墙柜体材料

常用的墙柜体材料有壁纸、墙面砖、涂料、饰面板、胶合板、密度纤维板和防火板等。

(1)墙面砖

墙面砖(简称墙砖)适用于洗手间、厨房、室外阳台的立面装饰,可分为釉面砖和通体墙砖。

①釉面砖:表面涂有一层彩色的釉面,经加工烧制而成,色彩变化丰富,特别易于清洗保养,主要用于厨房、卫生间的墙面装饰。

②通体墙砖:也称为同质砖、通体砖、玻化砖,烧结温度高,瓷化程度好,质地坚硬,抗冲击性好,抗老化,不褪色,但多为单一颜色,主要用于阳台墙面的装饰。

(2)涂料

涂料是指涂覆于被保护或被装饰的物体表面,与被涂物形成牢固附着的连续薄膜,通常以树脂、油或乳液为主,添加或不添加颜料、填料,添加相应助剂,用有机溶剂或水配制而成。涂料一般有 4 种基本成分:成膜物质(树脂、乳液)、颜料(包括填料)、溶剂和添加剂(助剂)。

涂料按成膜物质可分为聚酯漆、聚氨酯漆、丙烯酸漆、硝基漆、乳胶漆等。

①聚酯漆:以聚酯树脂为主要成膜物。高档家具常用的为不饱和聚酯漆(钢琴漆)。

②聚氨酯漆:漆膜坚硬、耐磨,抛光后有较高的光泽度,耐水、耐热、耐酸碱性能好,是优质的高级木器用漆。

③丙烯酸漆:由甲基丙烯酸酯与丙烯酸酯的共聚物制成的涂料,可制成水白色的清漆和色泽纯白的白磁漆。丙烯酸漆漆膜光亮、坚硬,具有良好的保色、保光性能,耐水性良好,附着力强。抛光修饰后,漆膜平滑如镜,经久不变。

④硝基漆:又称喷漆,以硝化棉为主,加入合成树脂、增韧剂、溶剂与稀释剂制成基料。其中,不含颜料的透明液体为硝基清漆,含颜料的不透明液体为硝基磁漆。

⑤乳胶漆:以合成树脂乳液为基料,加入颜料、填料及各种助剂配制而成的水性涂料。乳胶漆是室内墙面、顶棚的主要装饰材料之一,装饰效果好,施工方便,对环境污染小,成本低,应用极为广泛。

乳胶漆的选购要点:a. 注意生产日期和保质期。b. 查看产品检测报告是否达到国家环保标准。c. 闻气味。真正的净味产品气味很淡,且无刺激性。d. 看外观。质量好的涂料流动性好,均匀细腻。e.用小棍搅起一点乳胶漆,应能挂丝(长且不断,均匀下坠),用手指轻捻,应滑而均匀、细腻。

涂料按光泽程度可分为亮光漆和亚光漆。亚光漆是以清漆为主,加入适量的消光剂和辅助材料调和而成的涂料。因消光剂用量不同,漆膜光泽度不同。亚光漆漆膜光泽度柔和、平整、光滑、均匀,耐温、耐水、耐酸碱。

除此之外,随着涂料行业的不断发展,各种具有特殊装饰效果的涂料(如闪光漆、仿瓷漆、质感涂料等)不断涌现。

(3)胶合板

胶合板也称夹板、木芯板、木工板等,是由原木旋切成单板或木方刨切成薄木,再用胶黏剂胶合而成的 3 层或 3 层以上的薄板材,是目前手工制作家具最为常用的材料。通常用奇数层单板,并使相邻层单板的纤维方向互相垂直排列胶合而成,常见的有三合板、五合板、七合板等。

(4)密度纤维板

密度纤维板是以木质纤维或其他植物纤维为原料,添加合成树脂,在加热加压的条件下压制成的板材,可分为高密度纤维板、中密度纤维板和低密度纤维板。密度纤维板结构均匀,材质细密,性能稳定,耐冲击,易加工,在家具、乐器和包装等领域应用广泛。

12.1.2　地面材料

地面材料包括地板、地砖、天然石材、地毯等。

(1)地板

地板是指由木料或其他材料制成的地面装饰及保护用材料。

①实木地板:木材经烘干、加工后形成的地面装饰材料,花纹自然,脚感好,施工简便,使用安全,装饰效果好。

②复合地板:以原木为原料,粉碎后添加黏合剂及防腐材料加工制成的地面装饰材料。

③实木复合地板:介于实木地板与复合地板之间的新型地材,既具有实木地板的自然纹理、质感与弹性,又具有强化地板的抗变形、易清理等优点。

(2)地砖

地砖是一种地面装饰材料,也称为地板砖。地砖由黏土烧制而成,经上釉处理后具有装饰作用,多用于公共建筑和民用建筑的地面和楼面。地砖具有质地坚实、耐热、耐磨、耐酸、耐碱、不渗水、易清洗、吸水率低等特点,且色彩图案多,装饰效果好。

地砖花色品种非常多,按材质可分为釉面砖、通体砖、抛光砖、玻化砖等。其中:抛光砖价格实惠;玻化砖防滑,耐磨,表面光亮,色泽多样,适用于客厅、餐厅、厨房;釉面砖色彩图案丰富,规格多,清洁方便,选择空间大,适用于厨房和卫生间;马赛克色彩丰富,装饰性强,材质多样。

(3)天然石材

天然石材是天然岩石经荒料开采、锯切、磨光等加工过程制成的板状装饰面材。天然石材结构致密,强度大,具有较强的耐潮湿、耐候性。

(4)地毯

地毯是以棉、麻、毛、丝等天然纤维或化学纤维为原料,经手工或机械工艺编织而成的地面装饰物。地毯可覆盖于住宅、宾馆、会议室、体育馆、展览厅、车辆、船舶、飞机等场所的地面,有减少噪声、隔热和装饰效果,可改善脚感,防止滑倒。

12.1.3　顶部材料

顶部材料的作用主要有隔热、降温,掩饰原顶棚的各种缺点,以及烘托气氛。卫生间里的顶部材料还可用于防止蒸汽侵袭顶棚,隐藏上下水管。

(1)铝扣板吊顶

铝扣板吊顶材料主要用于洗手间、厨房,不但可美化环境,还能防火、防潮、防腐、抗静电、隔音,属于高级吊顶材料。铝扣板吊顶的表面处理工艺主要有喷涂、滚涂、覆膜等。检修铝扣板主要看漆膜的光泽与厚度。

(2)纸面石膏板

纸面石膏板是指以建筑石膏为主,加入一定的添加剂和纤维制成的板材,具有重轻、隔热、加工性强以及施工方便等优势,适用于没有特别需求的场地。

(3)龙骨

龙骨通常有木龙骨与轻钢龙骨之分。木龙骨是家装中比较常用的材料之一,型号众多,用于支撑外面的装饰板,具有支架效果。轻钢龙骨是这几年来十分热门的装潢材料之一,可用作吊顶和隔墙材料,防火效果较好。

(4)矿棉板

矿棉板是以矿物纤维棉为主料,添加其他物质高压制成的,其最大的优势就是具备良好的隔音、隔热等效果。矿棉板不含石棉,不会对人体造成伤害。

(5)硅钙板

硅钙板也称为石膏复合板,属于多元材料,通常由天然石膏粉、白水泥、胶水等制成,具有防火、隔音、隔热等性能,在居室潮湿的状况下可以吸收空气里的水分,干燥时可释放水分子,能适当调整居室湿度以提高舒适感。

(6)PVC 板

PVC 板是一种蜂巢结构的板材,属于真空吸塑膜,用于众多面板的外表包装,所以也被称为装饰膜、附胶膜,适用于建材、包装、医药等领域。按软硬性,PVC 板可分为 PVC 软板和 PVC 硬板。按加工工艺,PVC 板可分为结皮发泡板和自由发泡板。

12.2 室内装修污染及处理

室内装修使居室变得舒适与美观的同时,也可能造成室内环境污染,如果处理不当,就会对人体造成一定的危害。涂料、胶合板、刨花板、泡沫填料等释放的多种污染物已成为室内空气污染的重要来源。室内空气污染物主要有甲醛、苯系物、总挥发性有机化合物(total volatile organic compounds,TVOC)等。

12.2.1 室内装修污染物

室内空气质量直接影响人们的身体健康。建筑材料和装修材料中的五大污染物分别为甲醛、苯及苯系物、TVOC、氨气和氡气(图 12-1)。

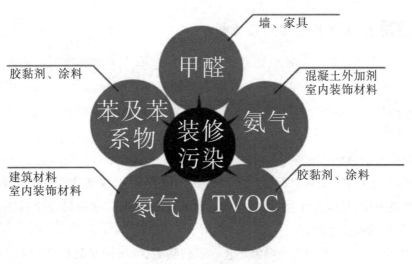

图 12-1　五大装修污染物

12.2.1.1　甲醛

甲醛又称蚁醛,为无色、有刺激性气味的气体,对人眼、鼻等有刺激作用。甲醛的沸点为－19.5 ℃,易溶于水和乙醇。

室内空气中甲醛的来源主要有家具、装饰纺织品、人造板材和涂料等,如图 12-2 所示。

图 12-2　室内空气中甲醛的来源

(1)甲醛对人体的危害

①刺激作用:甲醛的主要危害表现为对皮肤、黏膜的刺激作用。吸入高浓度甲醛时,人体出现严重的呼吸道刺激和水肿、眼刺激、头痛。

②致敏作用:皮肤直接接触甲醛可引起过敏性皮炎。吸入高浓度甲醛可诱发支气管哮喘。

③致突变作用:高浓度甲醛具有基因毒性。实验动物吸入高浓度甲醛可引起鼻咽部肿瘤。

知识链接 | *与甲醛危害相关的数据*

美国国家癌症研究所研究人员调查 2.5 万名生产甲醛和甲醛树脂的化工厂工人后发现,工人中接触甲醛机会最多者比最少者的死亡率高 37%。研究人员分析,长期接触甲醛增大了霍奇金淋巴瘤、多发性骨髓瘤、骨髓性白血病等特殊癌症的发病率。

(2)甲醛中毒症状

①轻度中毒:明显的眼部及上呼吸道黏膜刺激症状,主要表现为眼结膜充血、红肿,呼吸困难,呼吸声粗重,声音沙哑。轻度甲醛中毒症状的另一个具体表现为Ⅰ度至Ⅱ度的喉头水肿。

②中度中毒:主要表现为咳嗽不止、咳痰、胸闷、呼吸困难及出现啰音。胸部 X 线检查显示,肺部纹理实质化,转变为散布的点状小斑点或片状阴影,此即为医学上的急性支气管肺炎。喉头水肿发展至Ⅲ度。血气分析显示轻、中度低氧血症。

③重度中毒:肺部及喉部情况恶化,出现肺水肿与Ⅳ度喉头水肿。血气分析显示重度低氧血症。

12.2.1.2 苯及苯系物

常温条件下,苯是无色透明液体,带有强烈的芳香气味。苯难溶于水,易溶于有机溶剂,本身也可作为有机溶剂。

室内空气中苯及苯系物的主要来源是家装所使用的涂料及其稀释剂。

(1)苯对人体的危害

人和动物吸入或皮肤接触大量苯,会引起急性和慢性苯中毒。长期吸入苯及苯系物会损害人的神经系统。

(2)苯中毒症状

①长期接触:长期接触苯会对造血系统造成极大伤害,引起慢性中毒,导致神经衰弱综合征。苯可以损害骨髓,使红细胞、白细胞、血小板数量减少,并使染色体畸变,从而导致白血病,甚至引起再生障碍性贫血。苯可以导致大量出血,从而抑制免疫系统的功能,使病原体有机可乘。

②短期接触:重者出现头痛、恶心、呕吐、神志模糊、知觉丧失、昏迷、抽搐等,严重者会因为中枢神经麻痹而死亡。少量苯也能使人产生头昏、心率加快、头痛、颤抖、意识混乱、神志不清等症状。食用含苯的食物会引发呕吐、胃痛、头昏、失眠、抽搐、心率加快等症状,甚至可能导致死亡。吸入 2% 的苯蒸气 5～10 min 会有致命危险。

③急性苯中毒:轻度中毒者可有头痛、头晕、流泪、咽干、咳嗽、恶心、呕吐、腹痛、腹泻、步态不稳、发绀、急性结膜炎、耳鸣、畏光、心悸以及面色苍白等症状。中

度和重度中毒者,除上述症状加重外可出现嗜睡、反应迟钝、神志恍惚等症状,还可能迅速昏迷或出现脉搏弛速、血压下降、呼吸加快、抽搐、肌肉震颤等症状,有的患者还可出现躁动、欣快、谵妄及周围神经损伤,甚至呼吸困难、休克。

(3)苯中毒急救处理

①更换环境:出现苯中毒时,患者所在环境中的苯浓度可能很高,需要立即将患者转移到安全区域,尽快让患者呼吸到新鲜的空气。

②心肺复苏:如果患者因为苯中毒出现休克,要尽快对患者进行心肺复苏。首先要让患者平躺,防止按压胸部时造成损伤,然后抬高患者的下巴,让患者呼吸更顺畅,再两手重叠对胸部进行按压。按压 30 次之后进行 2 次人工呼吸。这个过程要一直进行重复,直到患者苏醒。

③吸氧:很多急性苯中毒的患者都会出现缺氧的问题。如果有吸氧机或便携式氧气罐,要尽快让患者吸氧;如果没有以上设备,要对患者进行人工呼吸,让患者能够快速吸入氧气,避免因长时间缺氧导致脑部损伤。

④拨打 120:对于一些没有经验的人来说,遇到苯中毒的患者都会比较慌乱。此时,为更好地帮助患者,要立即拨打 120,保证患者及时得到救助。

⑤服用维生素 B:苯中毒可能导致部分患者白细胞减少,可以服用维生素 B 缓解。

12. 2. 1. 3　TVOC

世界卫生组织对总挥发性有机化合物(TVOC)的定义为,熔点低于室温而沸点在 50 ℃和 260 ℃之间的挥发性有机化合物的总称。从环保意义上来说,TVOC 是指具有挥发性,可参与大气光化学反应,会产生危害的那一类挥发性有机化合物。TVOC 在常温下可以蒸气的形式存在于空气中,可能影响皮肤和黏膜,对人体产生急性损伤。

室内空气中 TVOC 主要来源于建筑和装饰材料中的胶黏剂、涂料、板材、壁纸等。一般涂料中 TVOC 含量为 $0.4\sim1.0$ mg/m³。由于 TVOC 具有强挥发性,一般情况下,施工后的 10 h 内可挥发出 90% 的 TVOC,但溶剂中的 TVOC 在风干过程中只释放总量的 25%。

TVOC 有刺激性气味,且其中某些化合物具有基因毒性。TVOC 对人体的危害主要表现在以下几个方面:

①TVOC 会引起呼吸问题,表现为呼吸短促、喉干、哮喘、头痛、贫血、头昏、疲乏、易怒等症状。

②TVOC 会引起眼部不适,表现为灼热、干燥、异物感、水肿等症状。

③TVOC 可能引起机体免疫水平失调,影响中枢神经系统功能,使人出现头晕、头痛、嗜睡、无力、胸闷等自觉症状。

④TVOC 可能影响消化系统,使人出现食欲缺乏、恶心等症状,严重时可损伤肝脏和造血系统,使人出现变态反应等。

12.2.1.4　氨

氨是一种无色气体,有强烈的刺激性气味,极易溶于水(常温常压下 1 体积水可溶解 700 倍体积氨),其水溶液又称氨水。氨降温加压可得到液氨。液氨是一种制冷剂。氨是制造硝酸、化肥、炸药的重要原料。

室内空气中氨的来源主要有混凝土(含尿素防冻剂,可释放氨)和板材制品(有的板材含有脲醛树脂黏合剂,在室温条件下可缓慢释放氨)等材料。

(1)氨对人体的危害

氨在人体组织内遇水生成氨水,可以溶解组织蛋白质,与脂肪起皂化作用。氨水能破坏体内多种酶的活性,影响组织代谢。氨对中枢神经系统有强烈刺激作用。

氨对皮肤、黏膜有刺激及腐蚀作用,严重者可引起化学性咽喉炎、化学性肺炎等。吸入极高浓度氨可引起反射性呼吸停止、心脏停搏。

(2)氨中毒紧急处理

①迅速转移至安全区域,使中毒者呼吸新鲜空气或氧气。对呼吸浅慢者,可酌情使用呼吸兴奋剂。对心跳、呼吸停止者,应立即进行心肺复苏,不轻易放弃。

②用清水或 1%～3% 硼酸水溶液彻底清洗接触氨的皮肤。眼睛接触氨后应立即提起眼睑,用大量流动清水或生理盐水彻底冲洗 10～15 min。

知识链接┃ 规定室内装饰装修材料中有害物质限量的国标

《室内装饰装修材料　人造板及其制品中甲醛释放限量》(GB 18580—2017)

《木器涂料中有害物质限量》(GB 18581—2020)

《建筑用墙面涂料中有害物质限量》(GB 18582—2020)

《室内装饰装修材料　胶粘剂中有害物质限量》(GB 18583—2008)

《室内装饰装修材料　木家具中有害物质限量》(GB 18584—2001)

《室内装饰装修材料　壁纸中有害物质限量》(GB 18585—2001)

《室内装饰装修材料　聚氯乙烯卷材地板中有害物质限量》(GB 18586—2001)

12.2.2　室内装修污染的认识误区

①只要感觉没有气味,室内环境就没有污染。

②只要装修就一定有污染,室内环境污染没办法预防。

③只要装修时使用的材料是符合国家标准的,就不会造成室内环境污染。

④只要装修时使用的材料价格高,就不会造成室内环境污染。

⑤只要选择了正规的装饰公司进行装修,就不会造成室内环境污染。

⑥只要做好通风,就能根除室内环境污染。

⑦只知道通风有利于净化环境,不知道怎样合理通风。

⑧只重视装饰装修造成的污染,忽视家具造成的室内环境污染。

⑨只知道室内环境应该进行检测,不知道怎样选择检测单位。

12.2.3　如何减少和避免装修污染

(1)减少装修污染的一般做法

①在签订室内装修合同时,最好将室内空气质量达标作为工程验收的一项指标写入合同,在装修完工七天后请权威检测机构进行检测。

②房屋要经常通风换气。打开柜门,抽出抽屉,就地通风。衣柜中存储的衣物要经常取出进行晾晒,防止衣柜中有毒物质挥发出来吸附在衣物上,对人体产生危害。

③选用简单、实用、环保的装饰材料。

(2)甲醛的去除方法

①通风法:加强空气流通可以降低室内空气中有害物质的含量,从而减少此类物质对人体的危害。优点是效果好,无成本。缺点是需要的时间很长,一般至少需要 3 年。

②除味法:除味剂可以吸附、分解甲醛、苯及氨气等有害污染物,杀灭病菌及螨虫等有害生物,净化空气,消除异味。

③利用活性炭:活性炭的吸附性能优越。吸附甲醛的活性炭可置于阳光下暴晒,脱除吸附的甲醛以供再次使用。

④利用空气净化器:选购时一定要仔细查看商品信息,因为有些空气净化器并没有除甲醛的功能。

⑤利用绿色植物:这种方法只能够起到辅助作用,甲醛浓度很高时不建议使用。

(3)苯及苯系物的去除方法

①从源头上根治:减少装饰材料的使用量,或者使用绿色、环保、原生态的装饰材料。选择胶黏剂使用量少的板材,或者不使用含有胶黏剂的板材。选用装饰材料时,认准中国环境标志(图 12-3)。

②光触媒催化:将含有二氧化钛类物质的光触媒喷涂于材料表面,或者将光触媒置于空气净化设备中,使室内空气与之有效接触,以充

图 12-3　中国环境标志

分吸收、分解装修带来的甲醛、苯、氨、酚等污染物质。

③物理吸附:活性炭对苯及苯系物有一定的吸附作用,可以降低苯及苯系物的浓度,净化室内空气。

④植物吸收:绿色植物如芦荟、金边虎皮兰、常青藤、吊兰、铁树花等可以吸收苯及苯系物,清除空气中的有害物质,改善室内空气质量。

(4)TVOC 的去除方法

①装修后最好检测确认 TVOC 不超标,至少通风 3 个月后入住。

②摆放一些能吸收有害物质的植物,如吊兰、芦荟、虎尾兰、常青藤等。

参考文献

[1] 王静怡. 绿色有机化学合成技术应用探讨[J]. 科技创新导报,2018,15(33):89,81.

[2] 张彰,杨黎明. 日用化学品[M]. 北京:中国石化出版社,2014.

[3] 张克惠. 塑料材料学[M]. 西安:西北工业大学出版社,2000.

[4] 阿衣古丽·赛麦提,木妮热·依布拉音. 化学物质对人类生活的贡献[J]. 科技视界,2012(12):261－262,194.

[5] 周立国,段洪东,刘伟. 精细化学品化学[M]. 3 版. 北京:化学工业出版社,2021.

[6] 孟繁浩,李柱来. 药物化学[M]. 北京:中国医药科技出版社,2016.

[7] 赵革蕴,姚丽平. 浅谈化学对人类社会的重要性[J]. 才智,2012(15):358,299.

[8] 唐玉海,张雯. 化学与人类文明[M]. 北京:化学工业出版社,2019.